SPACE EMPOWERMENT

空间赋能

促进随意性交流的大学教学空间设计

Study on the Design
of University Teaching Space
for Promoting Information Exchange

李提莲 / 著

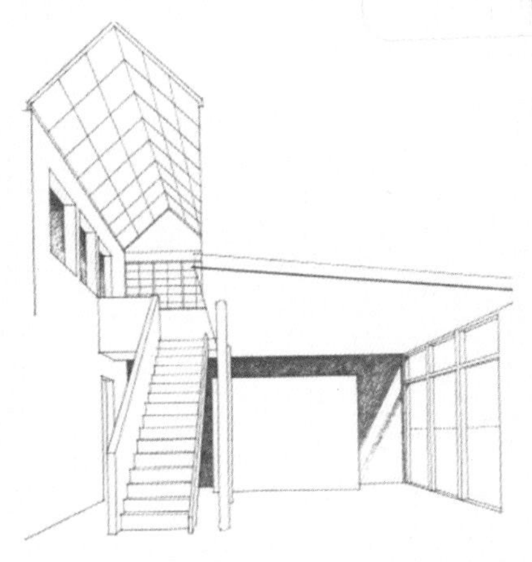

江苏大学出版社
JIANGSU UNIVERSITY PRESS
镇　江

图书在版编目(CIP)数据

空间赋能 ：促进随意性交流的大学教学空间设计 / 李提莲著. -- 镇江 ：江苏大学出版社，2023.12
ISBN 978-7-5684-2013-6

Ⅰ. ①空… Ⅱ. ①李… Ⅲ. ①高等学校－教学楼－建筑设计－研究 Ⅳ. ①TU244.3

中国国家版本馆 CIP 数据核字(2023)第 190724 号

空间赋能：促进随意性交流的大学教学空间设计
Kongjian Funeng：Cujin Suiyixing Jiaoliu de Daxue Jiaoxue Kongjian Sheji

著　　者/李提莲
责任编辑/李经晶
出版发行/江苏大学出版社
地　　址/江苏省镇江市京口区学府路 301 号(邮编：212013)
电　　话/0511-84446464(传真)
网　　址/http://press.ujs.edu.cn
排　　版/镇江市江东印刷有限责任公司
印　　刷/江苏凤凰数码印务有限公司
开　　本/710 mm×1 000 mm　1/16
印　　张/10
字　　数/200 千字
版　　次/2023 年 12 月第 1 版
印　　次/2023 年 12 月第 1 次印刷
书　　号/ISBN 978-7-5684-2013-6
定　　价/70.00 元

前　言

尽管有其他艺术为建筑增色，但只有内部空间，这个围绕和包围我们的空间才是评价建筑的基础，是它决定了建筑物审美价值的肯定与否定。

——布鲁诺·赛维

在现今这个信息爆炸的时代，信息消费对激发创新活动的产生起到至关重要的推动作用。在众多的信息消费活动中，面对面的随意性交流被认为是主要的信息资源获取途径之一。有理论指出，空间设计可以引导人的行为，创造更多的偶遇机会，进而促进这种随意性交流。然而，目前国内关于如何进行空间设计以创造更多偶遇机会，即如何通过空间设计促进随意性交流的研究尚不多见，缺乏深入探讨。

本书对 Umut Toker 的一项研究成果——“影响创新活动的空间五要素”进行了详细的解读和分析。为了进一步深入研究空间设计是如何影响创新活动的，我们实地走访了国内外多所高校，并进行了调研。以中国矿业大学建筑与设计学院楼为例，我们通过实地考察调研和深入分析，结合空间设计与创新的相关科学研究，总结出一些在实际教学空间设计中的应用策略。这些策略强调了通过空间设计来影响人的行为和交流方式以促进创新思维的发展。

最后，本书为大学教学建筑的空间设计提供了一些具有参考价值的建议。我们期望这些建议能使高校教学建筑空间成为能够激发创造性的高品质环境空间，从而有助于培养更多的创新人才。高品质的空间设计不仅可以提升学生的学习体验感，还能为教师提供更广阔的教学平台，以促进学术研究和创新活动的开展。

目　录

Space Empowerment

1 绪论

在科技高速发展的今天，知识、创新、技术、经济是人们经常提及的话题，不可否认的是创新对社会的进步有着至关重要的作用。当今的产业革命已不再是煤矿、黑烟和工厂的代名词，而早已被以电子计算机和现代通信技术的应用为标志的信息技术革命所取代，这是一种基于创新过程的越来越重要的转变。

人们对生活水平、生活质量、技能和知识的更高需求，使创新在当代社会发展中变得越来越重要，而只有运用创新成果来提高社会生产力，才能使人们拥有更高的生活水平。不可否认，创新直接或间接地影响着当代人的生活质量，而最终，当代社会的技能水平和知识水平是靠新知识的普及来提高的。很显然，在当今的信息经济社会，知识扮演着重要的角色，而如何促进创新是社会进步的关键所在。因此，创新是各个学科不断扩大和深入研究的最终目的。

自 20 世纪下半叶以来，各国对创新的支持力度和经济支出不断加大。一般情况下，创新大多发生在私人机构、政府研究实验室、大学研究中心等组织。这些组织的作用各不相同，其中大学对创新的促进作用变得越来越重要。大学教学建筑空间对基础科学的研究起着积极的作用。如今，以基础学科教学和科学研究为基础的大学成了知识创新的核心。因此，作为创新活动发源地的大学，成了当代社会组织中的关键。

创新研究表明，信息消费是促进创新活动发生的主要资源。信息消费的方式多种多样，面对面的信息交流是信息消费最重要且最有效的方式。Umut Toker 对芝加哥大学科研楼办公室的研究报告显示，信息交流的方式有很多种（图 1-0-1），主要依赖面对面交流的方式（图 1-0-2）。通过对其研究结果的分析可以看出，在面对面信息交流中，80%的交流是通过随意性交流实现的（图 1-0-3），这与人们长期固守的观念有着根本性的不同。

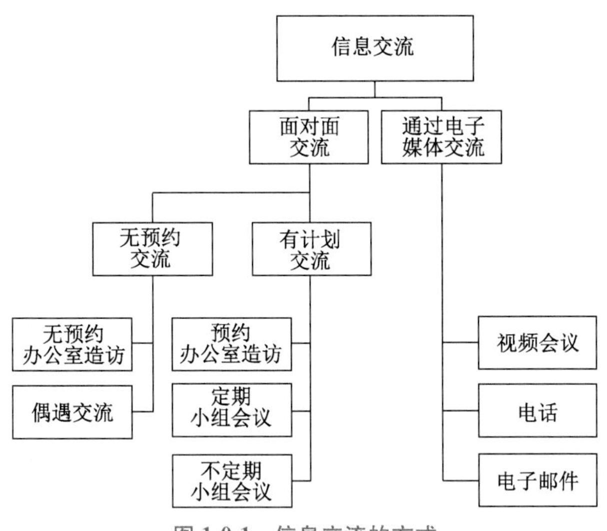

图 1-0-1　信息交流的方式

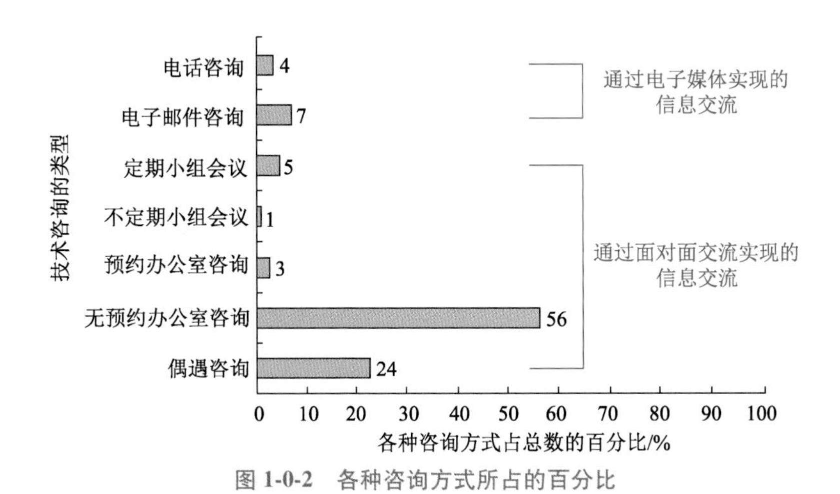

图 1-0-2　各种咨询方式所占的百分比

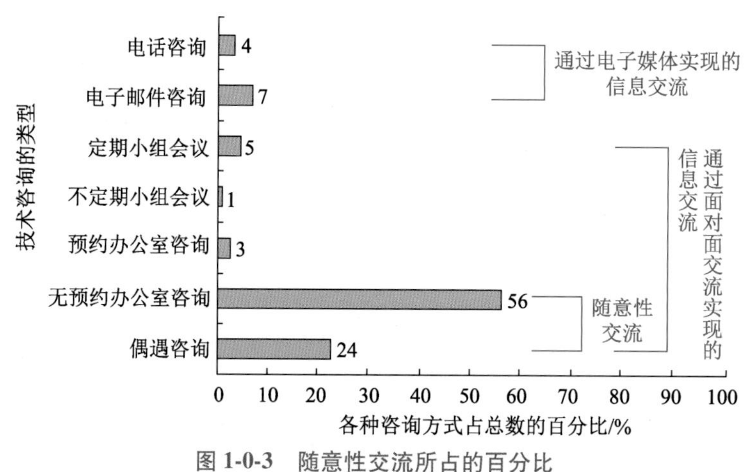

图 1-0-3　随意性交流所占的百分比

要想激发更多的创新活动，就要创造更多的随意性交流。广义的环境行为学研究表明，空间对人与人之间面对面的信息交流有着重要的影响。因此，了解大学教学空间设计是如何影响个体间的随意性交流的，是研究空间设计如何通过信息消费促进创新活动的前提。但目前国内对于该方面的研究还比较滞后。

1.1　研究内容

1.1.1　创新

(1) 创新的界定

创新（innovation），是由拉丁文“innovare”派生出来的，是指新东西、新方法、新设备、新思想的引进。技术，是指一些源自人类文化并被人类用以改造环境的工具或工具系统。所谓“技术创新”，是以创造新技术为目的的创新或以科学技术知识及其创造的资源为基础的创新。在过去，“技术创新”与“创新”经常交替使用。为了准确地区别两者，我们不得不从两者的“过程”来进行区分。

普遍认同的“技术创新”模式有两种：第一种模式是以“房间与房子”来比喻技术创新，着重于“房”的研究、开发、设计、部署、建设和程序化；第二种模式被称作“技术创新的链式模式”，这个“链”包括研究、分析、设计、详细设计、生产、销售等环节。在这两种模式中，创新“过程”

都有明显的线性顺序，即从“研究”走向“实施”；相反，事件的程序是非线性的，是在“房”与“链”之间的往复循环。因此，创新过程是非线性的，过去人们交替使用的“技术创新”与“创新”指的正是这种非线性的过程。该过程不仅包括研究，还包括创新成果的开发与推广。当然，有一些学者认为创新指的仅仅是研究成果，而另外一些学者则认为创新成果只有被认可并被实施时才能被称为创新。

大学及其研究中心、政府研究中心和政府实验室是进行基础科学研究的主要研究机构，其主要目的是“繁衍新知识”，即科学突破。但这种科学研究多由私人或大型企业来操纵，其主要目的是开发新产品，以满足某种市场需求。

科学突破、创新、技术创新是在当代创新型社会中经常被提及的话题，其中创新和技术创新主要指的是整个过程。三者有一个共同点，即都要有新思路、新方法或新技术，这一点也与创新的原意相吻合。

本书所关注的是创新过程中新思路、新方法的引进阶段，不涉及创新成果的推广与实施。大学教学建筑的空间设计影响着每一个新思路、新方法的诞生，我们要做的就是找出影响创新的空间因素，从而指导大学教学建筑的空间设计。

(2) 创新的评价

目前普遍被社会认同的对于创新的评定方法有两种：第一种是基于创新过程得到的主观印象，或由未参与该项目的有丰富专业知识的专家给予的评定，这是一种基于主观意志的对创新过程和结果的判断。第二种以非主观意志为基础，通过实施该项目来进行判断。判断项目包括：“知识产出”，如书籍、论文及它们的数量；“应用程序产出”，如专利、新应用程序、新算法、图纸等及它们的数量。

(3) 影响创新过程的因素

① 个人因素。个人因素指的是在创新过程中所涉及的各种社会角色。例如，问卷调查中被调查群体的人口特征、心理特征、职业技能及个人性格等。虽然过去有很多相关资料提及个人因素问题，但托纳茨基（Tornatzky）和弗莱舍（Fleischer）曾说过：到目前还没有有力的证据能够证明心理素质、工作能力及个人性格能有效地影响创新，这是因为创新过程并非天才科学家在实验室里独自进行的，相反，创新过程是多人互动的过程。同

时，人口特征（如阅历）及在该领域的受教育程度都已被证明是影响创新的因素，能有效地影响创新过程，特别是对该项目组织细节有一定了解的人。

② 项目负责人。组织者是指那些既能提供重要技术信息资源又能促进信息流通的人。决策者是指那些能通过各种活动积极促进主张变革和寻找信息资源的人。二者都通过促进信息交流和提供新知识来延续创新过程。

③ 团队。团队包括正式的项目团队和非正式的社会群体（即以社会关系为基础的群体聚集，如周末的聚餐或开会）。项目团队和社会群体间的相互作用被认为是创新过程中的促进因素。团队内的信息交流、社会群体内的信息交流以及两者之间的信息交流都对创新过程有着积极的促进作用。类似于个人因素的分析，社会网络分析已被用于分析正式的项目团队和非正式的社会群体内部以及两者之间的信息流通。

④ 组织。组织指各种组织机构，包括"官方的"与"非官方的"、"专业的"与"业余的"。组织的评价因素有形式化（水平层次的数量）、复杂性（专业化程度及组织中的专业团队数目）、研究人员或团队间相互依赖程度，以及可以用来支撑组织运作的可用资源（如基金）。其中，组织的复杂性、缩减的形式化、与日俱增的相互依存关系都是促进创新的因素。

⑤ 经济环境。经济环境指的是能使组织运作的大的经济环境。具体涉及控制运作机构、市场特点、金融机会、政府政策等，如专利政策和税收优惠政策等，这些因素会影响商业机构的创新。

⑥ 组织与环境的相互作用。组织与环境的相互作用包括基于一个或多个组织的自发性活动间的交流和信息共享。非正式的与工作有关的相互作用或正式的系统之间的信息交流都能对创新过程产生影响。

⑦ 偶然因素。偶然因素指的是在人与人的随意性交流中，产生信息的传递和共享，进而产生信息碰撞，对创新的产生起到促进作用。

1.1.2 空间

环境行为学已经广泛地讨论了空间、空间的使用、人的行为、偶遇之间的关系，并且表明这些都受空间和空间关系影响。霍尔（Hall）曾于1966年在空间关系学中将人类使用的空间分为三种：固定空间、半固定空间和非固定空间。

固定空间是指由墙、地板、屋顶等维护结构组成的有具体边界的区域（图 1-1-1）；半固定空间是由空间中的一些可移动的或半移动的构件围合或分割出来的区域（图 1-1-2）；而非固定空间则是由人在空间中的行为决定的，它是以人与人之间可接受的个人距离（图 1-1-3）（在第 3 章中有详细介绍）来界定的。空间关系学的思想精髓：固定空间、半固定空间和非固定空间共同形成了人的视觉世界，这不仅仅是简单的三维空间感知，更是一种人对空间环境的认识。

图 1-1-1 明确的边界围合成固定空间

图 1-1-2 家具的围合形成半固定空间

图 1-1-3 可接受的个人距离形成非固定空间

因此，固定空间、半固定空间和非固定空间是通过使用者的视觉世界来诱导人的行为反应，即影响人的行为方式、人与人的交往及人对空间的使用。

在此基础上，环境行为学专家又做了进一步的研究。通过观察人对空间的使用以及人在空间中的行为，环境行为学专家得出结论：空间及空间环境会影响人在空间中的行为。这种现象被称为建筑环境的“非语言沟通”，即建筑环境通过非语言的信息传达给人们的一种明确或含糊不清的暗示。当然，这种情况是建立在空间被广泛接受，并有强烈的空间层次结构的基础上的，建筑环境和空间会形成一种“记忆功能”来提醒人们什么行为是大家所期待的。这种记忆功能主要产生于半固定空间和非固定空间。但是，在当代文化背景下，由于缺乏空间层次，并且不易被大众所接受，因此，建筑环境和空间失去了记忆功能。在这种情况下，非语言沟通就仅适用于固定空间，而半固定空间和非固定空间则更多地表现出空间的可见度，即视域范围。

萨姆（Sommer）在观察研究了人们对半固定空间和非固定空间的使用情况后指出：人们之间的合作、交流都与空间的形式有关。他所描述的这种行为与空间关系的一致性适用于各种场所。对于半固定空间，环境心理学家霍曼斯（Homans）在 1959 年提出“社会向心空间”和“社会离心空间”的概念，他指出：社会向心空间往往会使人们聚集起来进行交谈或共同行动等；而社会离心空间则往往容易把人分开，使人们产生距离感。霍曼斯通过改造某医院的半固定空间（调整空间中桌椅的摆放位置）来影响人们之间的交往的实验，证实了该理论。由此可知，通过调整空间组构，可以创造更多的人与人之间的接触，从而激发更多的随意性交流。

总之，空间形式与空间关系影响着人们的行为、人们对空间的使用及偶遇的发生；反之，人的行为、人对空间的使用也影响着空间形式和空间关系。前者与后者有着明显的一致性。因此，可以通过空间设计来诱发更多的随意性交流。

1.1.3 交互空间

在心理学的研究领域，人们已经观察到人类行为受城市空间尺度或建筑尺度的影响。广泛的观察结果显示，有些空间是交往行为产生的重点区域，即在此空间里，人与人偶遇的频率较高，这些空间被称为交互空间。贝赫特尔（Bechtel）1977 年的研究显示，建筑或城市的中心位置，或能见度较高的区域，是人类行为活动最频繁的区域。因此，空间关系及空间的能见度是促使人们发生偶遇进而产生随意性交流的重要因素。

交互空间是人们相互传递感情、信息，以及相互交流的场所。大学教学建筑内的交互空间是指能为师生提供交往及其他活动机会的开敞性公共空间。这里的交往并不仅仅局限于两人及两人以上的活动，个体在空间中的思考、休息等活动也是空间公共活动的组成内容。因此，交往的含义应该拓展开来，只有这样才能给交互空间一个相对圆满的定义。当然，我们这是从构成交互空间的空间活动定义了交互空间的内容，反过来说，交互空间的存在也促进了交往活动，为信息的交流提供了场所。

大学教学建筑内的交互空间包含了各种各样的使用功能，也包容了不同类型的空间行为。不论空间的功能是什么，只要它的存在促进了人与人之间的信息交流，都可以被称为交互空间。大学教学建筑内的交互空间形式多样，根据不同的使用功能可以分为如下几类。

（1）休息空间

休息空间不仅为紧张工作或学习的师生提供了休息的空间场所，还为信息的交流创造了必要条件。大学教学建筑内的信息交流很多都发生在能提供休息的空间场所中（图 1-1-4）。

（2）展示空间

这类空间通常出现于商业建筑中，用来展示商品等。近年来，由于大学特有的文化背景，展示空间也逐渐走进了大学教学建筑。当然，在大学教学建筑中，展示空间主要用来向外界展示该学校的教学成果或展示学生的优秀作业，既可以增加信息覆盖面，又可以加强学校内师生交流，同时还创造了很好的视觉效果（图 1-1-5）。

图 1-1-4　中国矿业大学建筑与设计学院咖啡厅

图 1-1-5　华中科技大学建筑学院展厅

（3）交通空间

如果将纯粹的交通空间（仅起交通与紧急疏散作用）归结为交互空间，那么这样的空间只能为人们创造偶遇的机会，为信息交流创造机会。一般情况下，考虑到空间效果，这种功能单一的交通空间所占比例很小（多为疏散楼梯等空间），但一些建筑赋予了交通空间新的功能，使它既能满足交通的需求，又能丰富空间层次，还能为师生们的即兴交流提供空间场所。大学教学建筑内的走廊、过厅等也是师生进行随意性交流的空间场所，即使是匆匆过往，人们也会在行进中与身边的同伴或迎面而来的相识的人产生随意性交流，当然他们也会因各种原因停留下来。交通空间有时还可以用作休息空间。图 1-1-6 中，美国明尼苏达大学某建筑走廊局部放大空间，为师生休息、交流提供场所；图 1-1-7 中，中国矿业大学建筑与设计学院（以下简称“建筑与设计学院”）B 区一楼门厅，可兼作休息空间。

图 1-1-6　美国明尼苏达大学某建筑走廊
图片来源：井渌　摄

图 1-1-7　中国矿业大学建筑与设计学院 B 区一楼门厅

（4）开放空间

大学教学建筑内的交互空间除了上述三种外，还有一种是开放空间。它不单单满足于某种特定的功能，同时还包含多种用途或多种功能，可根据人们的需要随时转换。这样的互动空间使用率较高、建设成本较低，在现代的大学教学建筑中较受欢迎（图 1-1-8）。

图 1-1-8　中国矿业大学建筑与设计学院五楼

上述四种交互空间分别以不同的方式为人们之间的信息交流提供了必要的空间场所。

1.1.4 随意性交流与创新

信息与创新具有相辅相成的谐动关系，创新是信息资源的源头，信息又是创新的催化剂；只有市场导向的信息资源发生的创新成果才具有市场竞争力；而且创新活动必须依靠各要素的优化组合，将各种要素衔接成一个完整的创新体系，才能变无形生产力为现实生产力①。由于信息交流是二者达到谐动的有效途径，因此信息交流对创新有着至关重要的促进作用。对于建筑而言，合理的空间规划有利于组织内部信息的交流和共享，与创新的形成有着较大的关系。有效的交流使得新信息易于传递，从而产生新思想。

(1) 信息交流对创新的推动作用

在信息时代，生产力和竞争力对信息的依赖程度比对技术进步的依赖程度更高。过去几十年间，社会学关于创新的研究更新了人们的观念。在褪去神话般的外衣后，人们认识到创新是研究成果的积累，是分享现有知识并产生新知识的过程。因此，在基于知识组织的教学和科研中，信息的传递与分享对创新有着不可替代的推动作用。

(2) 信息交流的方式和途径

大学的信息交流方式多种多样，除常规的课程教学外，还包括讲座、展览、随意交流、偶遇、娱乐，以及电话、电子邮件等电子媒体方式。传统的教学空间的设计重心为教室本身，其出发点是满足日常教学需求。然而 Umut Toker 对芝加哥大学科研楼办公室的研究报告显示，信息的交流主要依赖于面对面的交流，其中 80%的信息交流发生在非正式的偶然咨询过程中，这与人们长期固守的观念有着根本性的区别。由此可见，当代大学教学空间设计的重心应当从教室转移到随意性交流场所。

(3) 随意性交流的重要性

与常规的课程教学体系相比，随意性交流更能反映大学精神的核心。学生所受的教育除了与其所选修的课程有关，还与教学空间能否最大限度地激发其与同学、教师、游客、艺术作品、书本及非常规活动的即兴交流有关。只有当教学空间具备能够激发好奇心、促进随意性交流谈话的特质时，它所营造出的校园氛围才具有最广泛意义上的教育内涵。

---

① 郭继华．漫说信息与创新［J］．湖北师范学院学报（自然科学版），2001，21（3）：66-68.

在传统的教学建筑中，由于受经济技术指标限制，设计者过分强调建筑的使用率，教室、实验室和办公室占据70%以上的空间。走廊和门厅被看成单纯的交通空间，其面积大小往往取决于单位时间可供通行的人数。随着经济的发展，近年来辅助面积有了较大幅度的增加，但设计者更多地是从空间的视觉美学方面进行考虑，对如何促进随意性交流缺少有针对性的研究。能否通过空间设计来促进信息交流，已经成为高校建设中的一个重要问题。

1.2 研究方法

本书除运用实地调研、文献查阅、电脑技术处理等常用研究方法外，还在已取得的科研成果的基础上，采用现状资料整理分析、理论分析和实例分析相结合、实施模型的建立和实践等方法，对建筑与设计学院楼内部空间进行综合性研究。结合一些成功经验，依据建筑与设计学院的专业特征，从不同的层面进行分析，总结问题。本着严谨、实事求是的科学态度，致力于解决建筑与设计学院楼现有问题，并试图在此基础上有所创新并形成应用性成果。总体来讲，本书主要采用下面五种研究方法。

（1）空间句法

“空间句法”是“space syntax”的中文译文，它是近年来由英国建筑及都市空间形态研究小组经深层研究发展起来的一种分析技术，该小组主要由英国教授比尔·希利尔（Bill Hillier）① 领导。该分析方法是以建筑自身的逻辑理论为基础并配合相关软件程序的一种量化分析方法。建筑自身的逻辑理论是建筑本身所特有的空间形态、空间关系间的组构，并以此呈现潜藏于建筑表层平面形态背后的深层句法特征。空间句法主要从空间视觉整合度与空间最长动线两个方面进行解析，分别针对空间点的相互可见度和最长动线关系（图形解构、句法关系、空间相对便捷性、相对组构关系等量化数值）进行研究。

---

① 比尔·希利尔（Bill Hillier）是伦敦大学（The University of London）建筑与城市形态学教授、伦敦大学学院（University College London）巴特雷特建成环境学院研究生院院长，以及巴特雷特建成环境学院空间研究所所长。他开创了建筑与城市空间分析的新理论与方法，称为“空间句法”。

(2) 多学科综合研究法

结合心理学、社会学、建筑学、景观设计等多领域学科综合分析研究，其中人体因素、行为与环境等领域的研究对教学空间设计影响颇深。如空间行为—环境的研究分析了各种不同尺度的空间场所。空间是为人而存在的，人又是需要一定空间而生存的，人的行为受空间环境影响，且人可以通过空间行为来再造空间环境。因此，个体行为与空间环境是相互作用、相互影响的。

(3) 现场调研法

本书研究的随意性交流指的是人与人之间的信息交流。只有人进入空间场所中，随意性交流才有可能实现。因此，在研究大学教学建筑空间设计时，实地调研是很有必要的。为了弥补本统计法只能统计使用者的数量及发生随意性交流的场所，而无法得知使用者内心的体验与感受的不足，应在进行实地调研的同时，随机跟踪调查使用者最常利用的空间、他们利用这些空间的原因，以及他们最常用来会见同学或同事的场所，并以无限制问题的方式标出他们对这些空间喜爱与否进行综合性的分析与判断。

(4) 问卷调查法

考虑到实地调研的局限性与片面性，问卷调查法被用来弥补现场调研的不足。通过问卷的形式来了解空间使用者对大学教学建筑空间的认知情况，以及他们在使用过程中的需求等信息。此外，通过问卷调查法，还可以获得被调查人群的一些个人因素和背景性资料，作为调查结果的辅助研究资料。

(5) 比较分析法

比较分析法主要是对上述方法中搜集来的数据资料的整理和归纳。即通过对调研数据资料的比较、分析，找出大学教学建筑空间内存在的问题，并厘清其形成的原因，借此进一步提出修改建议，作为未来发展趋势的参考依据。

1.3 研究目的

大学教学空间是以各学院教学楼为主体，以传播知识、提供信息为主要功能的建筑空间。教师与教师之间、教师与学生之间、学生与学生之间的交流无疑是形成教育产品的主要方式，是激发创新思维最重要的手段。改革开放40多年间，早期由于受到经济技术指标的限制，高校建筑标准较低，大多采用走廊连接的“细胞式结构”，可用于交流的空间非常有限，单调乏味的内部空间环境也很难吸引人们驻足停留。近年来，国民经济的快速发展及建设标准的提高，给建筑设计提供了更大的空间和自由度。然而伴随着招生规模的不断扩大，短时间兴建的大量高校建筑，由于受到相对较低的设计费用及造价的约束，在教学空间的研究和探讨十分滞后。大部分高校建筑往往直接移植商业建筑和办公建筑的设计手法，凭借经验处理教学建筑的空间组织关系，缺少基于知识组织的对空间格局的科学研究，因此难以实现空间设计对创新的促进作用。本书在对空间设计与创新的相关科学研究基础上，结合对实际案例的调研、分析、论证，总结出实际教学空间设计中的应用策略，从而把高校教学建筑空间创建成真正能够激发创造性的高品质环境空间，促进创新人才的培养。

1.4 研究现状

1.4.1 空间句法的应用

空间句法理论始于20世纪70年代，经过40多年的发展，已经在理论和实践上获得了令人瞩目的成绩。空间句法理论为理解空间概念提供了一个新的视角，它引发了人们对建筑学和社会学中许多核心问题的重新思考。

(1) 国外空间句法的应用

空间句法理论始于20世纪70年代，比尔·希利尔和朱利安·汉森(Julienne Hanson)的《空间的社会逻辑》(*The Social Logic of Space*)、比尔·希利尔的《空间是机器：建筑组构理论》(*Space is the Machine*：*A Configurational Theory of Architecture*)、朱利安·汉森的 *Decoding Homes and Houses* 等书籍的出版翻开了空间研究的新的一页。空间句法理论以空间本身为出发点。在研究中，空间被当作一个独立的元素进行剖析研究，深刻解读了人的认知领域与建筑、社会的关系。

截至2010年，空间句法的理论和方法从英国伦敦大学学院传播到全世界400多所高校，覆盖75个国家和地区。在美国和荷兰形成了两个相对成熟的分支工作团体。在国际上也形成了一个备受关注的会议组织，每两年举行一次，主要用来公布关于空间句法的部分最新研究成果。

空间句法理论多用于城市空间和街道场所空间的研究领域，近年来也开始应用于建筑空间的研究领域，如 2005 年比尔·希利尔在《场所艺术与空间科学》（*The Art of Place and the Science of Space*）中对英国伦敦泰特美术馆的研究，以及 2006 年 Umut Toker 在《创新空间：空间对基础科学和研究机构中创新过程的影响》（*Space for Innovation: Effects of Space on Innovation Processes in Basic Science and Research Settings*）中对美国芝加哥大学科研楼办公室的研究。

（2）国内空间句法的应用

空间句法理论自 1985 年引入中国，最初由国内各大高等院校作为科研项目进行探索性研究。近年来，空间句法理论逐渐被运用到实际的项目中，其中对城市空间和街道场所空间的研究应用较为广泛，并开始应用于建筑内部空间分析研究领域。如：张愚和王建国于 2004 年发表的《再论“空间句法”》，朱庆、王静文和李渊于 2005 年发表的《城市空间意象的句法表达方法探讨》，戴晓玲于 2007 年发表的《谈谈空间句法理论和埃森曼住宅系列中“句法”概念的异同——人类本位说与形式本位说》等。

虽然空间句法的研究与应用在国内还处于起步阶段，但已受到较多关注。

1.4.2 空间研究

从古至今，人们感知空间、使用空间、营造空间，但将空间真正作为一个独立的概念来理解和研究却是从 19 世纪开始的。自空间概念被引入建筑学以来，其在现代建筑和城市中的社会性角色越来越重要。到了 20 世纪，空间已成为当代建筑学和都市研究话语理论中必不可少的论题。

（1）国外对空间的研究

人们对建筑空间的讨论由来已久。早在 2000 多年前，维特鲁威①就在《建筑十书》中表达了他的建筑观：坚固、实用和美观。当代建筑理论家亚历山大等也在《建筑模式语言》中以时代为背景发表了他对于建筑、空间等的观点。但直到 19 世纪，人们才开始把空间作为一个独立的概念来进行

---

① 马可·维特鲁威·波利奥（Marcus Vitruvius Pollio），古罗马建筑师，著有《建筑十书》。

讨论和运用。康德（Immanuel Kant）认为，空间是人类感知的方式，并非物质世界的属性。他在《纯粹理性批判》一书中写道：空间并非产生于外在的经验，空间不是任何事物的再现，也不是事物关系的再现；相反，空间以直觉的形式先存在于思想中。提出围合论的森珀（Gottfried Semper）被认为是把空间作为一个独立的概念引入建筑学的第一人。他的观点引起了19 世纪末和 20 世纪初的建筑师和理论家对空间概念的关注。1898 年，路斯（Adolf Loos）在《覆层原则》（*The Principle of Cladding*）中提到，建筑师的任务就是提供温暖及可居住的空间。1951 年，存在主义现象学家海德格尔（Martin Heidegger）在《建筑·居住·思想》中指出：建筑从来不能创造纯粹的空间；相反，人们看到的只是场所。海德格尔用场所替换了空间。他的理论直到 20 世纪中叶才逐渐在建筑界产生影响。1984 年，比尔·希利尔在《空间的社会逻辑》一书中提出了“空间组构”的概念。1996 年，比尔·希利尔在《空间是机器：建筑组构理论》一书中提出了他的核心论点：空间是形式与功能相互作用的介质。

（2）国内对空间的研究

《道德经》第十一章中提到“三十辐共一毂，当其无，有车之用。埏埴以为器，当其无，有器之用。凿户牖以为室，当其无，有室之用。故有之以为利，无之以为用。”由此可知，早在 2500 年前，老子就对空间这一复杂的概念有过精辟的论述。老子的这段话简洁明了地阐述了空间的概念：有“无”，则有空间为用，有“无”之边界，则有室为用。

人类对空间的创造，自古至今一直都在持续着。虽然空间很容易被人类感知和使用，但由于其“无”的特性，人们很难用语言来描述它，也就很难成为被谈论和分析的对象，因此人们对它的理解与阐述一直以来也没有进一步的发展。

中国对建筑空间的研究起步较晚，到了近现代才有部分书籍出版，如 1998 年彭一刚的《建筑空间组合论》和 2005 年程大锦的《建筑：形式、空间和秩序》。

1.4.3 大学交往空间研究

(1) 国外对大学交往空间的研究

在马斯洛①提出了金字塔式的人的需求理论后，关于建筑的“以人为本”的观点才深入人心，对空间的人性化设计，以及对建筑公共活动空间的人类交往需求才被建筑设计师所重视。随着新建筑运动的开展，对教育建筑的研究日渐得到重视，特别是在第二次世界大战后，涌现出一批优秀的教育建筑，如密斯（Mies van der Rohe）设计的伊利诺伊理工学院建筑馆（又名克朗楼，Crown Hall）。在该建筑的设计中，他运用了自己提出的“流动空间”理论，其目的就是为学生创造一处能够自由交流的空间。1922年，日本提出“智能校园”的设计概念，旨在使人际交往与交流达到最佳效果。

丹麦的扬·盖尔（Jan Gehl）所著的《交往与空间》（*Life Between Buildings*）及扬·盖尔与拉尔斯·吉姆松（Lars Gemzoe）合著的《公共空间·公共生活》（*Public Spaces·Public Life*）都集中探讨了能促进人们交往活动的空间设计，并把“交往”正式作为一个概念引入建筑空间设计的讨论范畴。

(2) 国内对大学交往空间的研究

国内对高等学校建筑的研究起步较早，但由于受到旧的教育观念的影响，以及僵化的设计思想的制约，对新型教学建筑及模式的研究较少。直到20世纪80年代开始，才有研究对从古至今的中国高校建筑进行了分类总结，包括从西周的名堂辟雍到汉以降的太学、国子监、书院等教育建筑类型。但这种研究只是初步的史料梳理，并没有对建筑本身及其内部空间设计进行深入细致的说明。

20世纪末，随着校园建设热潮的出现，建筑学科论文研究多针对新建大学中的实际问题提出解决方案。几个主要的建筑学期刊也有针对大学建筑的专题，或集各家言论为一期，或设专栏讨论。总体来说，研究视角逐渐呈现出跨学科的趋势。

在高校教学建筑内部的公共空间设计方面，国内外都在进行探索、尝试。尤其在我国大量高校的新建和扩建期间，建筑师们也开始注重思考和分析内部公共空间的设计。如张应鹏的《追求一种存在的状态——无锡南

---

① 马斯洛（Abraham Maslow），美国著名的哲学家、社会心理学家、人格理论家和比较心理学家。

洋学院二期综合楼》、叶彪的《高校教学建筑发展趋势及影响因素——以清华大学第六教学楼创作实践为例》，其中都谈到了对教学建筑内部交往空间设计的考虑。

1.4.4 国内外大学教学建筑的发展

中国教育家孔子曾在杏坛下传道、授业、解惑，弟子绕其而坐，相传鼎盛时期有弟子三千；路易斯·康①也曾倡导学校的本原应回归为一棵树。随着人类文明的进步、发展和变革，学校的形式也在不断地发生变化，无论是大树下的席地而坐，还是大学教学建筑中的探讨、交流，学校传播与交流知识的使命是亘古不变的。

（1）国外大学教学建筑的发展

12 世纪，高等教育始于欧洲，意大利、法国和英国是大学的最早诞生地。12–13 世纪，巴黎大学、牛津大学、剑桥大学相继创立。最初的大学是为西方教会培养神职人员和帮助王室培养巩固其统治地位的专业人员的。当时只有封建王室和贵族子弟才有资格接受正规系统的高等教育，一般的平民百姓只能是奢望。那个时期的高等教育带有浓厚的宗教性质和强烈的等级观念。

由于当时的自然科学、社会科学和哲学都处在初始状态，分科也只有简单的神、文、法、医，因此相对封闭的教学空间是与当时教育模式相适应的。最初，牛津大学、剑桥大学的师生都过着与世隔绝的清规戒律的生活，两所学校都是典型的封闭集中式的教会学校。

在当时的社会环境下，人与人的交往行为被严格控制，这也遏制了大学教学空间中交流空间的发展。

在教会的严格控制下，西方大学教学空间自 12 世纪至 18 世纪末，没有大的变化和发展，更没有考虑大学教学建筑内交流空间的设计。

随着工业革命的兴起和生产力的进步，大学开始肩负起为社会进步培养创新人才的巨大使命，过去那种落后的封闭的教育体制已经远远不能满足社会发展的需要。英国的工业革命对科学技术的发展起到了巨大的推动作用，使专业分工更加细化，进而促使大学教育体制有了重大改变，由传

---

① 路易斯·康（Louis Kahn），美国建筑师、建筑教育家。

统的封闭式大学逐步走向开放式大学。

美国早期的大学为高等教育开辟了一片新天地，特别是在美国独立战争结束之后，许多大学挣脱了教会的控制，州立大学也在各州如雨后春笋般纷纷建立。这个时期的大学有着共同的特点：对社会开放、对普通市民开放，让更多的人有接受高等教育的机会；同时强调理论与实践相结合，并开始注重师生间的信息交流和学生的全面发展。这种教育体制的出现，也促进了大学教学建筑中交往空间设计的发展。

由美国第三任总统托马斯·杰斐逊（Thomas Jefferson）规划设计的美国弗吉尼亚大学，成了这一时期的典型代表。“学术社区”成为美国北部州立大学竞相效仿的典范，并影响了世界上其他国家的大学教学建筑。这种“学术社区”就像一个大别墅，底层大空间是课堂，上层是住宅，住宅由带有顶棚的廊道相连，便于教师与教师、教师与学生、学生与学生之间交流信息。

19 世纪中叶，自然科学的发展由资料的搜集阶段进入资料的整理阶段，这意味着对综合学科的要求越来越高。

进入 20 世纪，世界资本主义政治经济的迅速发展，使大学教学建筑出现新的变化。首先，工业和技术的发展使教育制度发生了深刻的变革，世界各地开始大批量地建设大学教学建筑，不同形式和规模的大学教学建筑在世界各地不断涌现。根据不同的教学要求，校园规划形式各异，教学建筑丰富多彩，功能布局灵活自由。其次，欧洲的许多大学毁于第二次世界大战的烟火中。战后，建筑师首次将城市规划的理论应用到大学校园的规划设计中，赋予大学教学建筑新的空间组构。最后，随着环境艺术科学的发展，人们对物质环境的要求越来越高，大学教学建筑向综合型、开放型方向发展，以构建更适合师生间信息交流的空间环境。

约瑟夫·里克沃特①曾经提出：每个历史时期都会有一种有影响的建筑类型。古希腊的神庙、古罗马的公共浴场、中世纪的大教堂享誉全球，而当代建筑典范则当数大学教学建筑。20 世纪 90 年代，随着信息化社会的到来，高等教育规模不断扩大，高校的教学建筑不断兴建，建筑师也越来越注重建筑内部交往空间的设计。由诺曼·福斯特②设计的剑桥大学法学院和罗伯特戈登大学管理学院虽然形态各异，但是都有一个共同点：内部都设

① 约瑟夫·里克沃特（Joseph Rykwert），美国建筑史学家、评论家。
② 诺曼·福斯特（Norman Foster），国际级建筑大师，第 21 届普利兹克建筑大奖获奖者。

计了大尺度的贯穿几层的中庭和边庭，将内部的交通空间和一些休憩空间有机地结合起来，形成了该建筑内部的交往核心空间，为不同学科、不同年级的教师与学生之间交流信息提供了一个舒适的、高效的交流平台，促进了信息交流，达到了信息共享的效果。

（2）国内大学教学建筑的发展

20 世纪初期，中国的高等教育还很落后，只有少量由传统书院转化而来的大学，以及一部分由中国人自己兴办的和外国教会开办的大学。由于受封建残余思想的影响，当时的大学校园仍沿用中国传统的三合院、四合院的建筑布局，结构对称，校园过于围合，环境过于封闭，氛围过于沉闷。那时的高校建筑标准较低，教学建筑大多采用走廊连接的“细胞式结构”，可用于交流的空间非常有限，单调乏味的内部空间环境也很难吸引人们驻足停留。

随着中华人民共和国的成立，中国高校建设也迎来了高潮。在之后的短短 10 年里中国建立了大批高校，数量从 207 所激增到 496 所。由于当时中国的亲苏联政策，20 世纪 50 年代的中国高校争相模仿莫斯科大学的教学建筑风格。

20 世纪 70 年代末，改革开放的春风吹遍了中国的大江南北，国际交流也日益频繁，社会对人才的需求激增，大学扩招，高校扩建。特别是 1978 年以来，经过不断改革和调整，适应国民经济和社会发展的多层次、多形式、学科门类基本齐全的中国高等教育体系已初步形成。普通高等学校从 1978 年的 598 所增加到 1999 年的 1071 所。随着高等教育管理体系改革的不断深入，普通高等学校的办学规模也不断扩大，人才培养层次结构趋向合理，专业结构设置不断优化，中国大学教育的发展达到又一个新的高潮。这时的大学教学建筑设计已经开始注重建筑内部交往空间的设计，多采用一种围合式的中庭设计，中庭内设景观小品、休息座椅，为使用者提供休息和交往的空间，但由于之前缺乏这方面的尝试和经验，导致布置生硬，缺少设计感，无法带给人一种舒适的、宜人的体验，因此空间使用率很低。

近年来，建设创新型国家已经成为事关社会主义现代化建设全局的重大战略决策，高等教育在建设创新型国家中的重要作用也日益突显。相对于不断扩大的高等教育规模和随之大量建造的高校教学建筑，空间设计如何促进创新的研究显得较为滞后。

1.5 研究框架

本书从提出问题入手，首先介绍研究背景、研究的目的和意义；其次逐步分析问题，解读了 Toker 对美国芝加哥大学科研楼办公室的研究结果，并结合实际案例对问题进行分析研究，得出促进随意性交流的大学教学空间设计应用策略；最后对相关研究进行总结并展望。研究框架如图 1-5-1 所示。

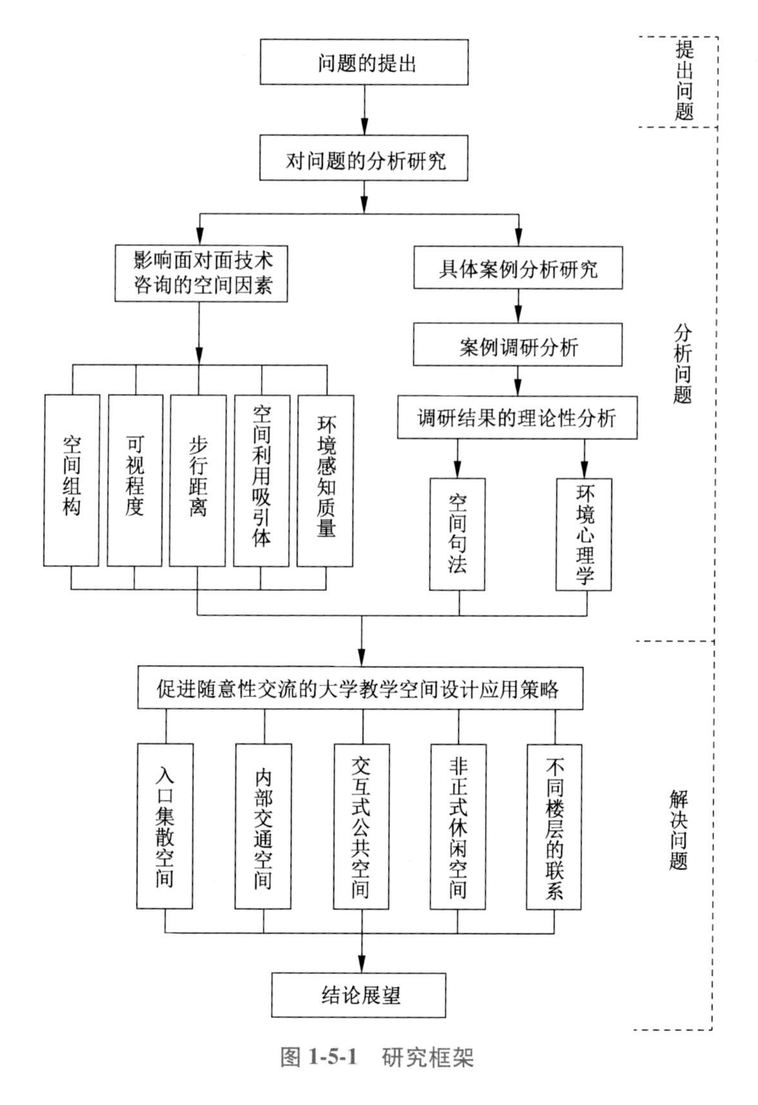

图 1-5-1　研究框架

1.6 本章小结

近年来高等教育规模不断扩大，相比随之大量建造的高校教学空间，如何促进创新的研究显得较为滞后。大部分设计往往直接移植商业建筑和办公建筑的设计手法，凭借经验处理教学建筑的空间组织关系，缺少基于知识组织对空间格局的科学研究，因此难以实现空间设计对创新的促进作用。本书的选题正是在这样的情况下产生的。本章先介绍了研究选题的由来，接着阐述了研究内容、研究方法及研究目的，然后又对国内外关于大学教学空间的研究现状进行了梳理，最后展示了本书的研究框架。

Space Empowerment

2 理论基础

心理学（psychology），源于古希腊语“psyche”和“logos”，意思是“灵魂之科学”。它是研究人和动物心理现象的发生、发展、活动和行为表现的一门科学。一开始，心理学融合在哲学和神学的体系中，直到1879年冯特[①]在德国莱比锡大学建立了第一个心理学实验室，才标志着心理学从近代哲学、神学、生理学中脱离出来，成为一门真正的、独立的科学。

本书主要的理论基础为环境心理学和空间句法。环境心理学是心理学的一个分支学科，而空间句法以行为心理学为理论依托，是一种分析城市形态和建筑空间的理论和方法。

2.1 环境心理学

环境心理学（environmental psychology）是心理学的一个重要分支，在中国的研究起步较晚，但近30多年来取得了迅速的发展。它是一种用心理学的方法来研究环境的学科。

在最初阶段，环境心理学主要研究人的行为和所处物质环境之间的交互关系。直到19世纪80年代，环境心理学才开始被应用到建筑环境领域。1886年，瑞士艺术史学家沃尔夫林（Heinrich Wölfflin）在《建筑心理学绪论》中首次提出，用心理学和美学的观点考察建筑。之后，包豪斯（Bauhaus）、迈耶（Richard Meier）建议在魏玛建筑学院[②]开设环境心理学课程。1968年，北美环境设计研究学会（Environmental Design Research Association，EDRA）成立；1980年，坎特出版了第一本《环境心理学杂志》；20世纪80年代末，中国高校的建筑学专业也普遍开设了环境心理学课程。

2.1.1 环境认知

环境认知是指人对环境刺激进行储存、加工、理解及重新组合，从而识别和理解环境的过程。任何有机体只有识别并理解了周围的生存环境，才能了解在何处实现需求及如何到达目的地，把握共享环境的象征意义，进行群体性的社会沟通。可见，环境认知对有机体的生存与发展有着重要的意义。有人曾对巴西的绿海龟进行卫星定位跟踪调查，发现巴西绿海龟

① 冯特（Wilhelm Wundt），1832—1920年，德国生理学家、哲学家。

② 魏玛建筑学院，简称Bauhaus，是学院派理论的代表。

可以准确无误地横越2413.5千米的海域，游到南大西洋的一个海岸线全长仅有8.045千米的小岛上产卵。显然，人类对环境的认知能力要比动物的认知能力强大得多，这种环境认知能力在人类的生存和发展过程中起着重要的作用。

研究表明，下列四个因素在人类对空间的认知中起着重要作用。

（1）可识别性

建筑物的空间形式越独特，越能被人们识别，越是对人们认知空间环境起促进作用。在认知空间时，空间环境中对象的运动，即使是轻微的运动也能引起人们的注意。同时，空间的边界具有区分和分割环境的功能，对人们认知空间环境起重要作用。因此，空间的边界或围合结构也应该是被重视的因素。但是，一个相对空旷的广场上的一处被景墙分割或围合出来的空间区域可能会被忽视。此外，特别简单或特别复杂的空间环境都可能强烈地吸引人的注意力，从而提高人们对空间环境的认知能力。

（2）可见性

可见性指的是空间环境中的高可见度。可见性可能与空间的层次和观察者所处的位置有关，高可见度的空间点将会成为人们很乐意前往并停留的处所，这对人们认知空间环境起着关键作用。

（3）使用特点

使用特点指的是空间作为行为场所，对行为个体所产生的作用，其中个体对该空间的使用频率和使用的独特性是最基本的要素。例如，厕所、咖啡厅等，因其空间的独特性而比较容易被人们记住。这时空间的某些象征意义就不再显得那么重要了。

（4）意义

空间环境在政治、历史、文化和社会等领域所具有的价值或意义，也是影响人类空间认知的重要因素。天安门广场的空间特点虽然与其他广场不同，但是人们在意的不是其空间因素，而是它在政治、历史中的特殊地位与重要象征意义，它代表的是中华人民共和国在国际舞台上的一种形象。

2.1.2 潜在环境对情绪的影响

潜在环境指的是由环境中的声音、温度、气味等非视觉部分构成的环境。人们也许不能明确意识到一些稳定的潜在环境，如声音、温度、气味等，但它们对人们的心理及空间行为的影响是非常深刻的，并且对人们的空间行为和空间感受起着强烈的并可预测的作用。

空间中个体的工作业绩、心情，甚至是生理健康都与潜在环境有关。特别显著的影响主要表现在人们的情绪上。例如，在追悼会上，所有参加追悼会人员的黑色衣服、胸前的白花、肃穆的花圈、低沉而悲痛的背景音乐，以及主持人悲情单调的声音，这个空旷的空间里只有安放遗体的灵床，此时此刻，人们的情绪反应是强烈的，这显然是潜在环境的作用。环境心理学家称之为升高的激发状态（activation level），即肾上腺激素升高、心跳加快，引起认知活动的兴奋及强烈的情绪反应。

空间环境对人类的空间行为的影响多种多样。莫拉比安（A. Mehrabian）提出了情感三维理论（three-factor theory of emotion）：愉快—生气、激发—未激发、支配—顺从。这是人们在预测空间行为时特别重要的三种维度。愉快—生气，反映的是空间个体在空间中感到快乐和满足，或者不高兴和不满足；激发—未激发，可以被理解为活动与警觉性的总和；支配—顺从，表明的是空间个体在某一特定环境中是否拥有控制力，是否感觉自由和无拘无束，以及会不会被他人控制或限制、威胁等。很明显，这三者是相互独立的，它们的不同组合构成了人们的各种情绪体验（图 2-1-1）。

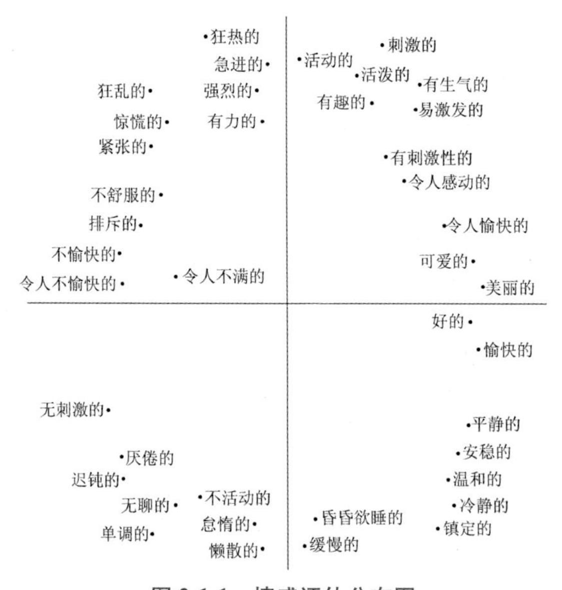

图 2-1-1　情感评估分布图

莫拉比安的这种理论不仅能预测空间个体在空间中的行为反应，而且能通过改造空间环境改变人们的空间行为。

此外，空间环境中的温度、颜色等也会不同程度地影响空间个体的空间行为。

研究表明，极端的温度（高温或低温）会影响人的社会行为，如交谈、攻击及人际吸引等。特别是高温，对人的影响都是消极的。相较于舒适的房间，在又热又潮湿的房间里，人的情绪会表现得比较消极，不喜欢陌生人，人际吸引力降低，工作效率也下降。实验发现，人的消极情绪和侵犯行为之间的关系不是简单的直线关系，而是相对复杂的曲线关系（图 2-1-2）。通过图 2-1-2 可以看出，两者之间的关系呈倒“U”形，在某一点上，人的消极情绪的增强的确会加剧侵犯行为，但是超过这一点，消极情绪继续增强并不会激发更多的侵犯行为，个体只会感到极度的沮丧，从而产生其他的反应，如逃避行为。

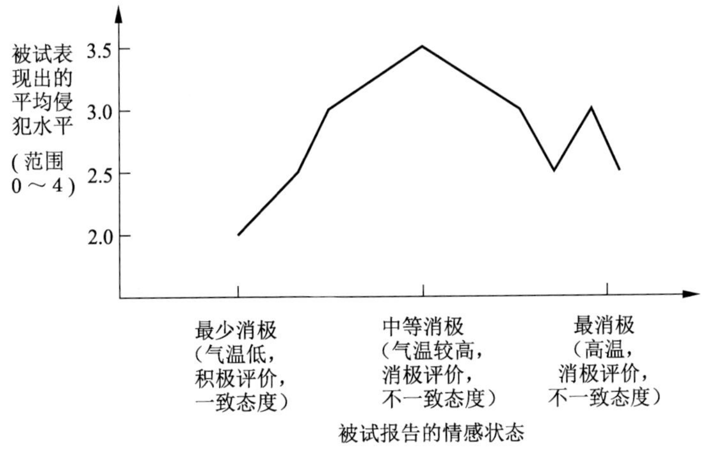

图 2-1-2　消极情感和侵犯行为的关系曲线

图片来源：俞国良，王青兰，杨治良. 环境心理学［M］. 北京：人民教育出版社，2000.

魏斯纳（L. B. Wexner，1954）的研究表明，颜色与心情具有一定的相关性。如：蓝色代表冷静、安全、平静、舒适、镇定、温和；红色代表反抗、刺激、保护；橙色代表沮丧、烦恼；黑色代表有力、消沉；紫色代表高贵；黄色代表快活。当然这并不是绝对的，但也隐含着人们认知环境的方式。红色是一种有着高度激发能力的颜色。实验表明：人在橙色走廊或红色走廊上移动的速度相对较快，这说明颜色在一定程度上能影响人的身体力量；而人注视蓝色卡纸的时间远远超过注视红色卡纸的时间，这说明颜色作为一种潜在的环境刺激因素，也能影响人的心理状态和行为。

潜在环境的不同感觉输入，可以使空间个体对环境空间信息产生不同的认知活动，从而影响空间个体的空间行为。

2.1.3 个人空间

在一个空荡荡的电影院，你一个人坐而有人离你很近，或在一个交际场合，有一个陌生人突然触碰到你，这种情况会激起你强烈的负面的或正面的某种情绪反应，这都是由于别人侵犯了你的个人空间。个人空间现象在日常生活中无处不在，只是人们不太了解空间行为的重要性。

人类学家霍尔（Edward Twitchell Hall Jr.）于1966年在《隐藏的向度》（*The Hidden Dimension*）一书中首次提出了“人际距离学”（proxemics）这个概念。该书通过对不同文化、不同空间中的人类空间行为的研究，得出了使用距离与人们情绪、情感的相关性，并详细探讨了人类空间利用的意义。

大家所熟知的亲密距离（intimate distance）、个人距离（personal distance）、社交距离（social distance）和公共距离（public distance）。

其中，亲密距离为0~45.72 cm，这种距离一般存在于父母与子女、夫妻、恋人之间，是一种非常亲密的互动距离，彼此能够感觉对方的细微变化；个人距离为45.72~121.92 cm，这种距离通常为朋友间或同事间的日常交往距离，彼此的碰触是被允许的；社交距离一般为1.22~3.66 m，这种距离存在于个人的或公务性的接触，较近的为1.22~2.13 m，这种距离一般存在于进行非正式事务的人之间；公共距离为3.66~7.62 m，一般存在于不想产生互动的陌生人之间，通常为单向沟通。

当然，上述这些数据都是估计值，并且受不同文化背景的影响会有所不同。但霍尔的研究成果促进了对人类空间行为的研究。

（1）人对空间公共性的需求

研究表明，公共性活动对人的身心健康有着很大的影响。兰茨称：精神病患者的病症与其儿童时期有无一起活动的玩伴及玩伴的数量有关（表2-1-1），玩伴的数量越多，儿童患精神病的概率越小。这表明公共性活动需求的满足有利于儿童身心健康的发展。心理学家把能满足公共性活动需求的空间称为社会向心空间（sociopetal space），即能促使更多人聚集在一起进行公共性活动的空间，它能激发人与人之间更多的相互交往。通过相互交往，个体之间不仅进行了思想、情感及信息的交流，而且满足了心理发展的需求。

表 2-1-1　精神症状与幼儿交友情况的关系

精神状况	五个朋友以上/%	两个朋友/%	无朋友/%
正常	39.5	7.2	0
轻度精神性神经病	22	16.4	5
严重精神性神经病	27	54.6	47.5
精神病	0.8	13.1	37.5
其他	10.7	8.7	10

由于个人空间强调个人身体周围的区域，以及由此带来的心理体验，因此非角色交往在个人空间中占重要地位。而非角色交往会涉及建筑空间的有效使用。由于人们对交往的需求不同，对空间的使用方式也不同，因此空间设计时应考虑人们对空间的不同的心理需求，尽量设计一些能够被大众看到和使用的公共空间，使更多的人可以在这个公共空间中活动，从而获得社会感和安全感。研究表明，共享空间形成的概率与空间封闭性的强弱有关：空间封闭性越强，共享空间形成的概率就越高。

(2) 人对空间私密性的需求

所谓私密性，是指有选择地控制他人接触自我或其他群体的方式。环境心理学家把能满足人们私密性需求的空间称为社会离心空间（sociafugal space）。空间的私密性使人能自由地控制或选择与他人进行信息交流，能按照自己的想法分配自己的个人空间，能在无人干扰的环境中尽情地表达自己的情感等，以此调整自己在社会交往中的情绪、位置、心理、互动等（表 2-1-2）。

表 2-1-2　私密性与功能的对应关系

功能	独居	亲密	匿名	保留
完整			·	
自泄		·		
内省	·			
隔离				·

当然，公共性和私密性并不是两个极端，在很多的建筑设计中都体现了两者的矛盾统一，如山西太谷曹家院三多堂（图 2-1-3）。

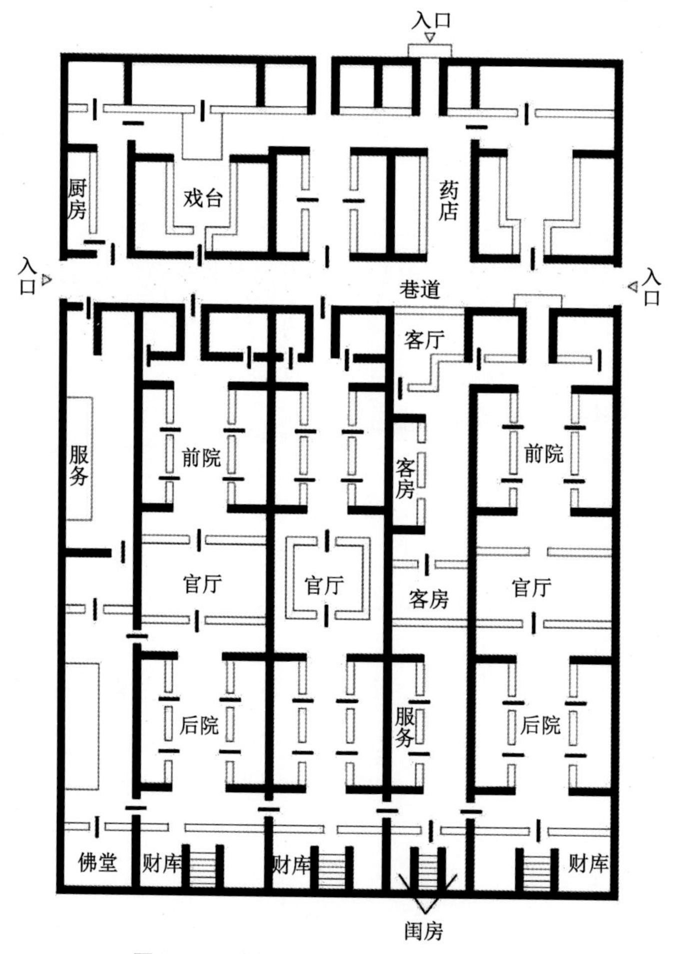

图 2-1-3　山西太谷曹家院三多堂结构图

2.1.4 领域性

人类的领域性是空间个体对空间的又一需求。如果人们可以毫无约束地进出别人的厅室，可以随意地占用别人的位子等，那么这个社会将充满混乱、无法生存。“没有规矩，不成方圆”，为了维护个体的尊严及社会自由的有序性，个人或群体会占有或控制一定范围的空间，这就是领域性。

奥尔特曼（Altman）于 1975 年在《环境和社会行为：私密性、个人空间、领域和拥挤》（*The Environment and Social Behavior*：*Privacy*，*Personal Space*，*Territory and Crowding*）一书中对人类领域进行了合理的划分，分为主要领域（primary territories）、次要领域（secondary territories）、公共领域（public territories）。人们在主要领域可以表现出更大的控制力；在次要领域则可以同时拥有公众和私人的控制力；而公共领域可以供任何人暂时使用。

2.1.5 空间行为

个体的空间行为只有在一定空间环境中才能得以体现。它一方面反映了个体对空间结构的理解方式与识别能力，另一方面也反映了空间结构模式的导向性与可识别性。

一个有生气的、舒适的空间对个体的身心发展、对人际关系的和谐有着积极的作用，它可以使人的空间行为和空间环境更加和谐。

空间中有了人的活动就有了生气，并且空间中活动的人数可以准确地反映出空间的活跃程度，而这个活跃程度又与人与人之间的距离有关。当个体间的距离大于身高的 4 倍时，空间活跃程度没有变化；当个体间的距离小于身高的 4 倍时，空间活跃程度就会大幅度提高。就像在一个草坪上，人们成群地聚集在一起，或聊天，或打牌，或围观，而不是均匀地分散开，这种聚集现象是自然而然地形成的，使空间充满了生气。

研究表明，让人向往的空间要有一定封闭性，并且要有明确的形状，有向心的倾向，因为人们只有在这种空间中才有生气。空间的采光也是产生心理效应很重要的因素。例如，很多高层建筑北侧设计了比较气派的广场，但一般都因缺少阳光而没有生气。这主要是因为人们都喜欢观赏沐浴在阳光里的景色。

从人的空间行为特点来看，空间有没有生气，以及阳光、绿化有无缺失等都会影响个体的空间行为。

在生活中，人们总是喜欢停留在柱子、座椅、树等倚靠物的周围。研究表明，倚靠物周围 1.5 m 范围对人的吸引力较大。跟踪观察结果显示，个体喜欢停留在有倚靠物且视野开阔的地方。这是因为倚靠物可以满足个体对空间私密性的需求，而开阔的视野又能让个体观察到周围空间中公共性更强的活动。

实验结果告诉我们，人的眼睛无法长时间注视 4.8 m 以外的事物，否则人会产生疲劳感，并感到紧张。科学地设置空间的封闭程度，是保证空间舒适度的重要方法之一。一个令人感觉舒适的空间，它的各个面的高度应为相应的视距，即空间的长度或宽度的 1/3~1/2。当各个面的高度小于视距的 1/4 时，空间不够封闭；而当其大于视距的 2 倍时，该空间就会使人产生禁锢感①。可见，一个空间的舒适度与空间的实际大小无关，它主要取决于空间的封闭程度。

2.2 空间句法

空间句法不仅是一种以视域分析来解读公共空间的运作方式的方法，还是一种通过分析街道网络来了解人们在城市中的运动轨迹的方法。它是一种关于城市空间与建筑空间的解析理论，因为它是在建筑师所做的工作的基础上建立起来的，即分割空间和在空间中放置物体。

在使用该理论时，人们的思维方式需要有两个大的转变。首先，空间不能仅仅被看作人类活动的背景或事物的背景，而应该被理解为人类做任何事情的内在属性。人在空间中的行为具有空间几何性，包括穿过空间的移动、在空间中与他人的交往及从一点向周围空间的转移，这些都是极其自然和必要的。正如图 2-2-1 所示，人在空间中沿直线运动、在凸空间和其他人交往、在移动时看到改变的视域范围。由于空间是人类活动的内在属性，根据这一空间特点我们可以打造更人性化的空间。因此，这将是我们分析空间的一个好的开端。

① 俞国良，王青兰，杨治良．环境心理学［M］．北京：人民教育出版社，2000：7.

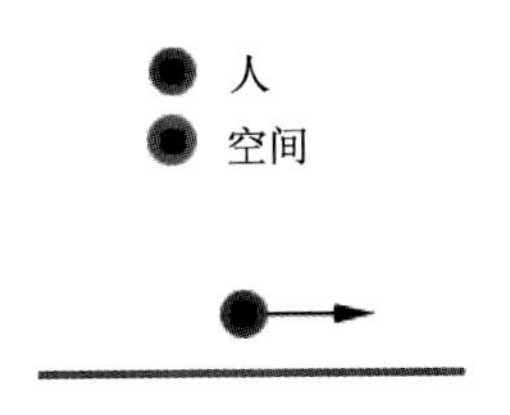

人类沿直线运动

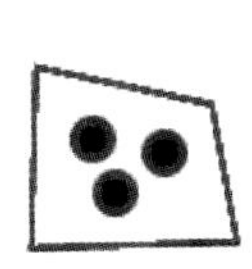

在凸状空间和其他人交往

在移动时看到改变的视域范围

图 2-2-1　人做任何事都具有空间几何性

图片来源：段进，比尔·希利尔，邵润青，等. 空间研究 3：空间句法与城市规划［M］. 南京：东南大学出版社，2007.

其次，空间是通过一种组成某种布局的空间关系来为人工作的，而不仅仅是通过某个空间。所谓布局，是指一种同时存在的、既有的空间模式或空间构形。由于语言的局限性，人们一次只可以表达一种空间关系，而很难用语言表达多种同时存在的空间关系。人们虽然仅凭直觉就能理解空间构形，但却不善于有目的地去分析它们。这是因为关系模式只是人们用来思考问题的工具，而不是思考的对象。

该理论最初被用于进行城市空间形态和街道场所空间的研究，但近年来也开始被用于研究分析建筑内部的凸空间领域。

2.2.1　J 形图

只有通过图示（graph）的帮助，人们才能把思考、分析的这种抽象的空间构形表达出来。图示理论从本质上讲是一种研究纯粹的关系的理论①。在表达复杂关系的图示中，“节点”（圈）表示被联系的物体，“连接线”（用于连接两个圈的线）表示关系（图 2-2-2）。这种图示表达需要人们用一种特殊的方式来思考，也就是所谓的拓扑深度，即 J 形图（Justified permeability graph）。在关系图解中，选择一个节点（图 2-2-3 中的 5 或 10）作为根节点，然后把别的节点按照到达根节点所必须通过的节点数，以从少到多、从低到高的顺序，分层放置在根节点的上方（图 2-2-3）。

① 段进，比尔·希利尔，邵润青，等. 空间研究 3：空间句法与城市规划［M］. 南京：东南大学出版社，2007：13.

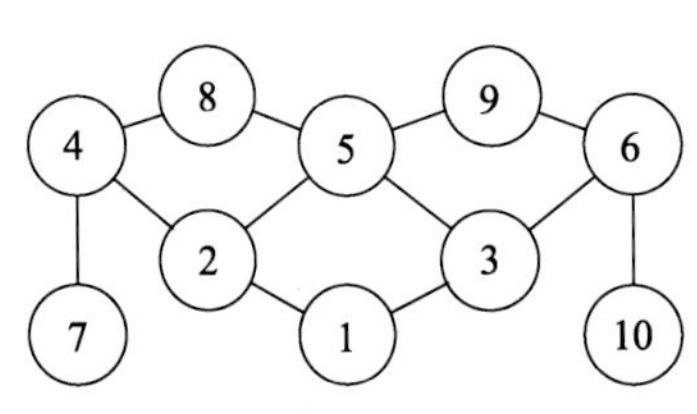

图 2-2-2　图示的示例

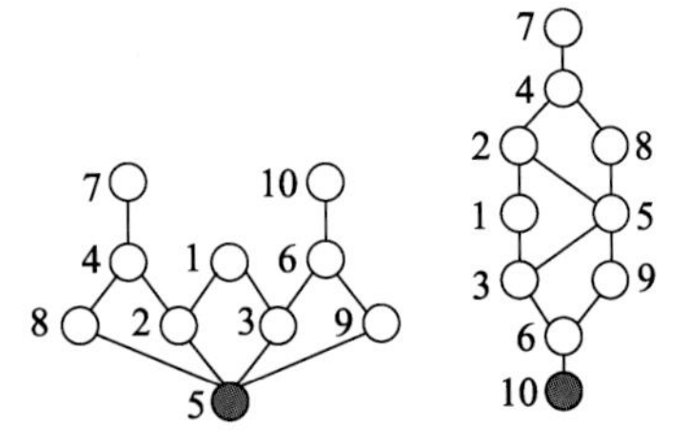

图 2-2-3　关系图解示例

如图 2-2-3 所示，以空间 5 为根节点的 J 形图从根部到顶部的步数较少，即拓扑深度较浅，这表明可以通过比较少的节点到达别的节点，这种节点被称为整合的节点。而以空间 10 为根节点的 J 形图的拓扑深度就较深，即人们要想到达别的节点就要通过很多节点，这种节点被称为孤立的节点。在这种情况下，从根节点到达另外一些空间节点的难度就会相对较大。并且，以空间 5 为根节点的 J 形图在从根节点到达其他节点时，相比以空间 10 为根节点的 J 形图有更多的选择，这与 J 形图中环的位置及数量有关。如果 J 形图没有环，只是一个纯粹的树状，也就是说任意两点之间只有一条路线，那么要想到达某个空间也只有一条道路可以选择。由此可见，空间的选择度和整合度正是它的两个很有意思的社会属性。

虽然图 2-2-3 中这两个 J 形图看起来完全不一样，但实际上它们是完全相同的，只不过是从不同的角度观察而已。然而，同一个图，观察角度不同，意义也不同。就如我们所看到的两个完全不同的 J 形图，它们是从两个不同角度（图 2-2-5、图 2-2-6）对同一个平面（图 2-2-4）的图解。而我们在解读建筑和城市的空间属性时利用得最多的也正是这一点：从不同的角度观察相同的空间系统，结果是不一样的。这也正是了解、掌握功能与空间形式的关键所在。

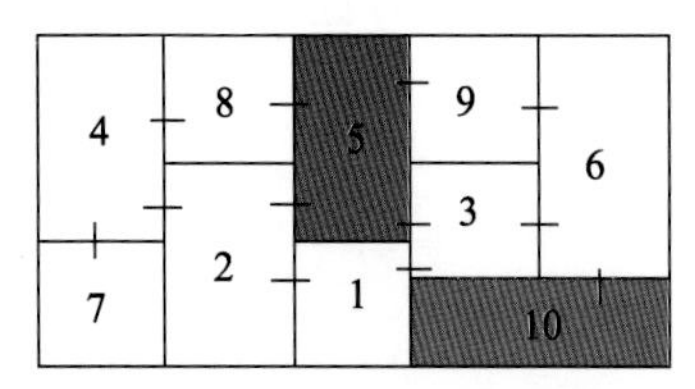

图 2-2-4　生成两个 J 形图的同一个简单平面

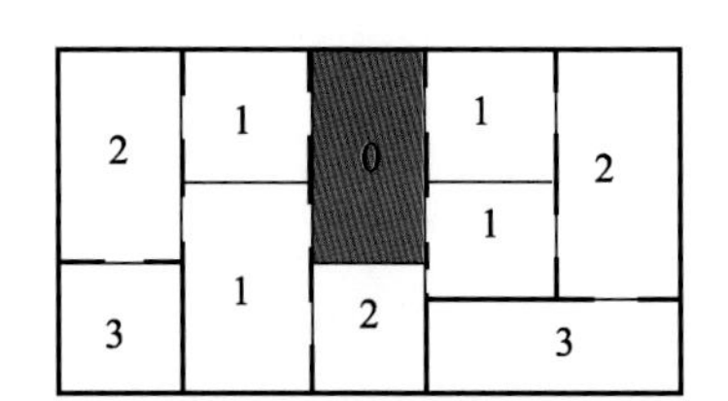

图 2-2-5　以“5”为根空间的 J 形图步数计算平面

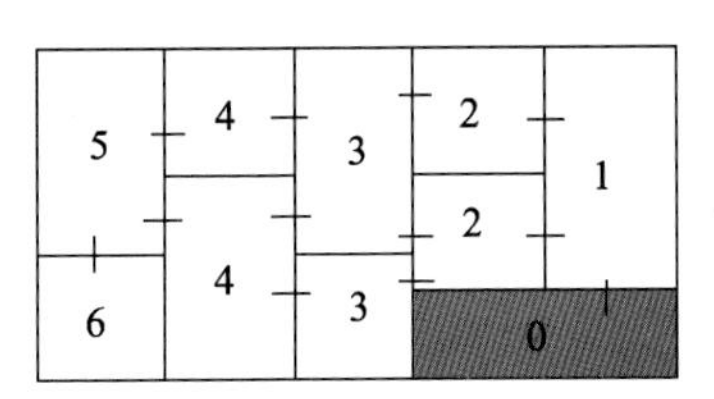

图 2-2-6　以“10”为根空间的 J 形图步数计算平面

图片来源：段进，比尔·希利尔，邵润青，等．空间研究 3：空间句法与城市规划［M］．南京：东南大学出版社，2007.

为了简单明了地区分两个 J 形图，下面我们从不同的根空间对同一个平面图进行分析。首先选择一个空间作为根空间，图 2-2-5 中粉红色部分被标记为空间 0；与它有 1 步距离深度的空间被标记为空间 1，共 4 个空间；与它有 2 步距离深度的空间被标记为空间 2，共 3 个空间；与它有 3 步距离的空间被标记为空间 3，共 2 个空间。这些步数加起来总共 16 步，则它们到根空间的总步数为 16 步。如果以图 2-2-7 中的空间 10 为根空间，将其标记为空间 0，那么与它有 1 步距离深度的空间有 1 个，与它有 2 步距离深度的空间有 2 个，与它有 3 步、4 步、5 步、6 步距离深度的空间都只有 1 个，则它们到根空间的总步数为 30 步。由于空间的整合度与它的总步数成反比，因此以空间 5 为根空间的 J 形图的整合度要高于以空间 10 为根空间的 J 形图。整合度越高，到达别的空间要穿越的空间就越少，空间可达性就越高。

根据空间整合度的高低对空间进行上色，蓝色为最小值，红色为最大值，从视觉上就可以很直观地了解空间整合度的关系。由此，仅通过一瞥就可以了解空间构形的数学结构（图 2-2-7）。

空间文化可以通过空间整合度在空间中得以体现。比如，在住宅空间中，客厅和厨房不仅仅是放置家具的空间，它们在整个住宅空间中有着特殊的空间构形地位，这种特殊性可以通过空间整合度得以剖析和展现。一般情况下，空间整合度的分布情况还会随着文化的不同而有所改变。在同一种文化背景下，即使住宅的空间几何形状完全不同，它们的空间整合度的分布模式却惊人地相似。这说明功能与形式的关系是相辅相成的，因为功能只有被放在整个空间的布局中，才能被体现出来。

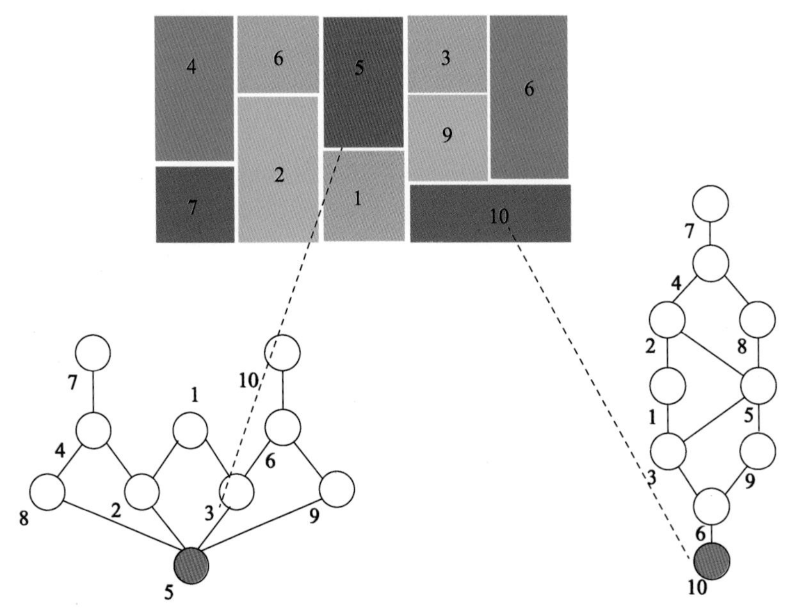

图 2-2-7　整合度上色图例

图片来源：段进，比尔·希利尔，邵润青，等. 空间研究 3：空间句法与城市规划［M］. 南京：东南大学出版社，2007.

2.2.2　最长动线

空间句法是以构形关系分析任何空间元素的几何代表，即使这些元素是房间、线、点、凸形空间甚至是视域范围。例如，对城市街道进行整合度分析，我们首先要做的是剖析每条街道到达其他街道的空间 J 形图，然后进行简单的数学计算，找出整合度最高的空间关系，再根据这种空间关系给街道图上色。

下面以一个概念性的街道网（图 2-2-8）为例来具体阐述。如图 2-2-9 所示，我们可以很直观地了解每条街道与其他所有街道的复杂关系。在城市空间的研究中，最长动线也是一种很重要的度量方法。根据道路的颜色我们就可以得知它的空间整合度，即街道颜色越接近红色，它的可达性就越高，它到达别的街道的便捷度就越高。除此之外，通过观察研究还可以发现，可达性越高的街道上人流量越大。因此，我们可以根据该方法研究设计空间，使空间能吸引更多的人流。

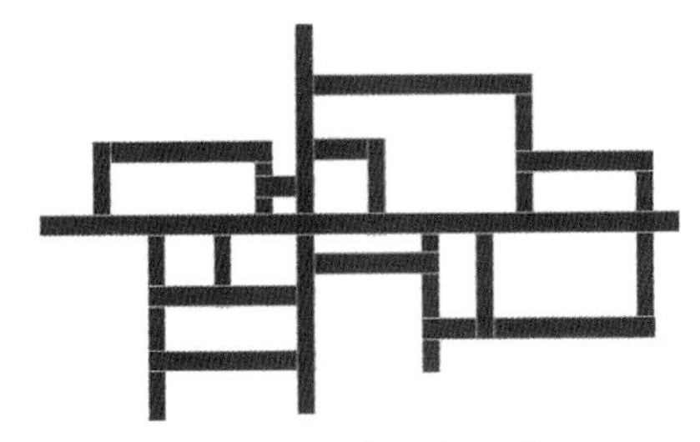

图 2-2-8　概念性的街道网

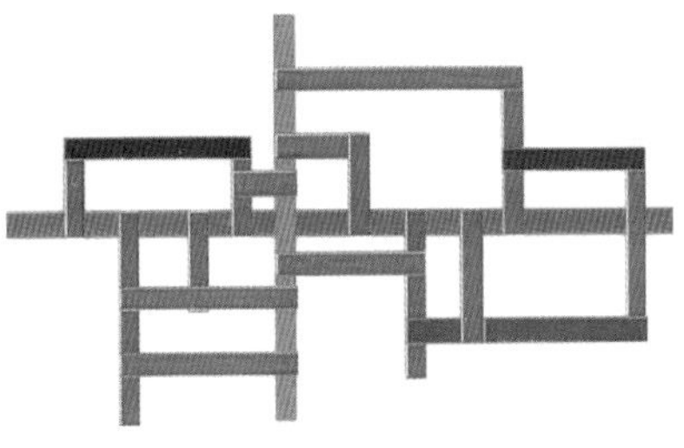

图 2-2-9　概念性街道网整合度上色图

图片来源：段进，比尔·希利尔，邵润青，等．空间研究 3：空间句法与城市规划[M]．南京：东南大学出版社，2007.

为了验证该理论，比尔·希利尔工作室对伦敦的城市街道做了研究分析。图 2-2-10 是对伦敦南环路与北环路之内的城市街道局部整合度的分析。这种局部整合度分析就是对小范围内的轴线进行整合分析，一般为对相邻的三条线做分析。此外，他们还对城市中五个地区范围内的人流和车流做了全天性的观察。将理论的整合度分析与观察到的实际流量的分析进行比对，他们可以肯定，整合度分析可以作为一种非常有效的设计工具来使用，即可以先对基地环境建模，然后把设计放入基地模型中进行分析，根据分析结果中人流潜力较大的线进行再设计。

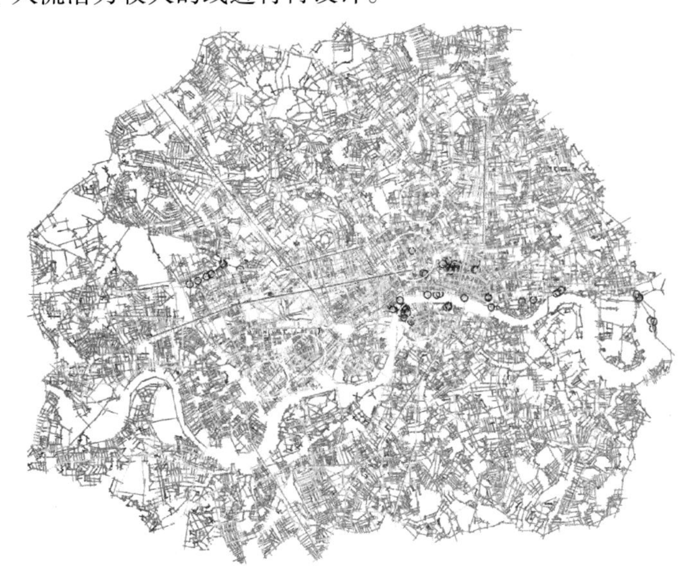

图 2-2-10　伦敦轴线图“局部整合度”分析

图片来源：段进，比尔·希利尔，邵润清，等．空间研究 3：空间句法与城市规划[M]．南京：东南大学出版社，2007.

以上是对城市设计中的轴线（街道）的分析，而在一个建筑空间中，相对应的这种轴线分析被称为最长动线分析。所谓最长动线，就是连接各个空间单元最少的且最长的视域动线。

2.2.3 视觉整合度

与最长动线分析类似，我们也可以分析建筑空间中所有点的视域。先将要被分析的空间等分成若干个网格，然后在每个小正方形的网格中间画出它的视域图（图 2-2-11），接着对这些相互重叠的形状进行整合分析，并给网格上色（图 2-2-12）。对空间的视域整合度的分析图，不仅能反映人的视觉范围能覆盖多大面积，还能表明从空间中某点看到整个空间布局的难度有多大。这种分析手段被证明在人的运动更具有探索和即兴性质的情况下特别有用①。

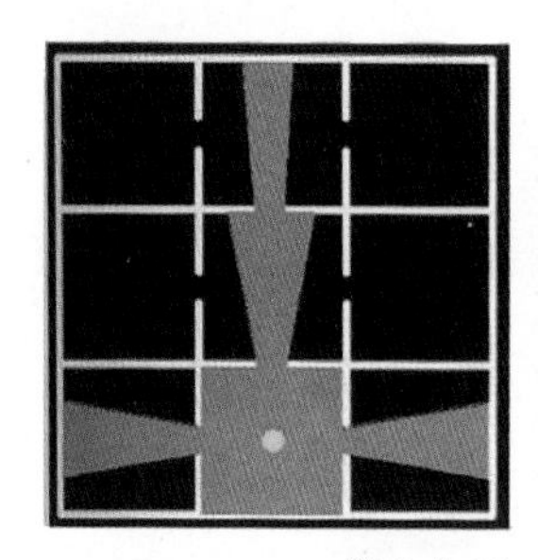

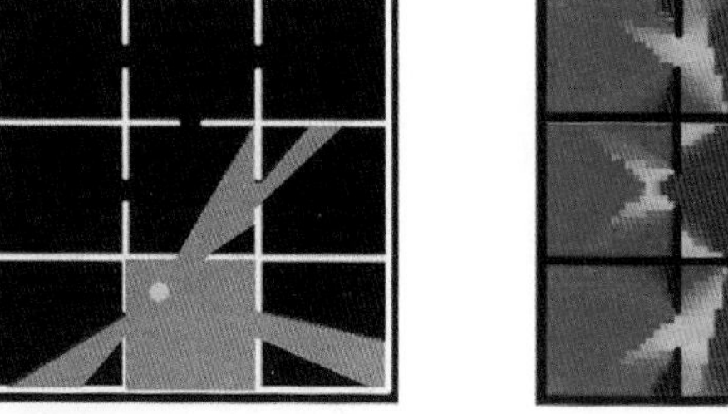

图 2-2-11　点的视域

图 2-2-12　点的视域分析

图片来源：段进，比尔·希利尔，邵润清，等. 空间研究 3：空间句法与城市规划［M］. 南京：东南大学出版社，2007.

对 Harrods② 内销售量与人的移动之间关系的研究表明：① 这种分析模式能更细致地反映出空间中不同点之间的区别。② 这种分析模式可使用于两个空间层次，一是人的视觉高度，二是人的膝盖高度（即人移动的空间层面）。理解这两个空间层次之间的关系对于了解空间如何工作是十分有用的。③ 这种分析模式还可以应用于分析三维空间，或者一层/几层楼面。

① 段进，比尔·希利尔，邵润清，等. 空间研究 3：空间句法与城市规划［M］. 南京：东南大学出版社，2007：19.

② Harrods 是位于伦敦的最大的英国百货公司。

2.3 本章小结

环境心理学是心理学科学理论的一个重要分支，也是在建筑空间研究领域使用较频繁的理论依据。环境心理学最初用于从不同角度研究人的心理反应，后来逐渐应用到研究建筑设计中，主要研究人在建筑空间环境中的心理反应和行为反应。本书的研究，不仅沿用了环境心理学这种传统的分析方法，还引入了空间句法的研究理论。空间句法理论最初主要用于进行城市规划和街道网络的研究，随着近年来的发展，该理论也进入了建筑内部凸空间的研究领域。

Space Empowerment

3

影响面对面
技术咨询的空间因素

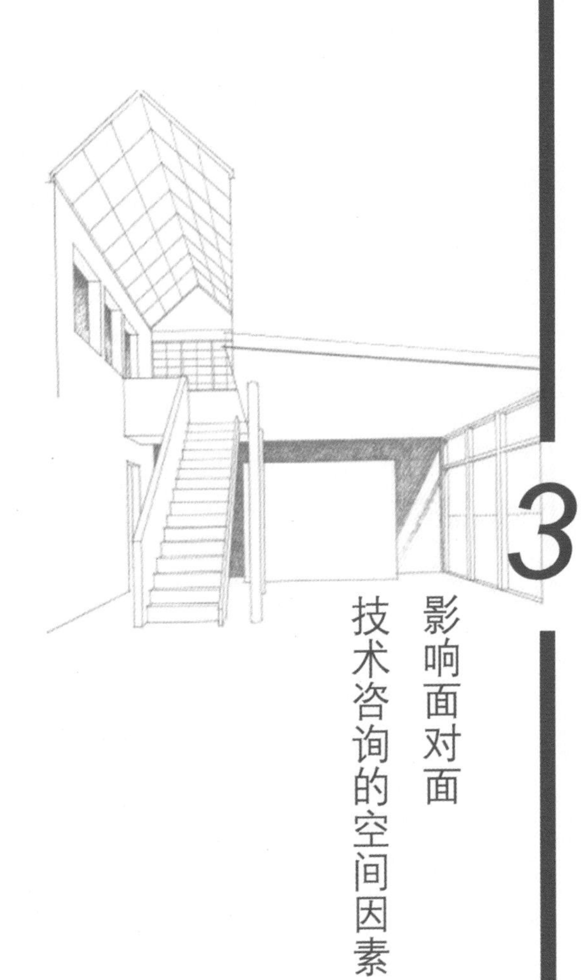

Toker 对美国芝加哥大学科研楼办公室的研究结果已经表明，空间设计对创新有促进作用，并且这种促进作用主要是通过面对面技术咨询实现的。他提出了影响面对面技术咨询的五种空间因素：空间组构（spatial configuration）、可视程度（visibility）、步行距离（walking distances）、空间利用吸引体（space-use attractors）和环境感知质量（perceived environmental quality）。

通过对 Toker 研究成果的分析比较，发现在面对面技术咨询中，80%的信息交流是通过空间使用者间的随意性交流实现的，因此影响面对面技术咨询的五种空间因素，也是影响空间中个体间的随意性交流的主要因素。

本章主要结合一些实际案例，分别对 Toker 提出的五种影响随意性交流的空间因素进行详细的分析与解读。

3.1 空间组构

组构，就是在一个复杂的系统中任意一对元素之间的关系被定义为一种简单的关系，或者是相邻，或者是可达[①]。在一个复杂的系统内，只要这种简单的关系被即时共存的第三个元素影响，或者被其他元素影响，它就是一种组构关系。这种组构关系一般用 J 形图来表达。整个建筑空间就是一个复杂的系统，系统中的各个空间单元，如走廊、办公室、实验室等就是各个元素，它们之间的关系就是一种组构。只需要分别以各空间单元作为根空间画出相应的 J 形图，然后经过简单的数学计算，便可以找出空间整合度最高的空间组构。（针对空间组构，本书 5.2.2 节就本研究案例做了详尽的分析与比较）

社会学的研究已经表明，创新思维的形成与诸多因素有关（如内部组织、经济环境、组织架构等），对于建筑而言，即如何进行空间设计才能有利于组织内部的信息交流与共享。因为有效的交流可以使得新信息易于传递，同时也利于新思想的产生。由教学区、工作区、交流区、生活区及交通空间组构而成的空间集合体应当符合基于知识传递的组织关系，从而促进面对面交流的发生。近年来，对空间组构与面对面交流关系的研究取得了较大的进展：希利尔和佩恩（Penn）等运用空间句法理论对两个分别距

---

① 比尔·希利尔．空间是机器：建筑组构理论［M］．杨滔，张洁，王晓京，译．北京：中国建筑工业出版社，2008：14.

离走廊远、近以及空间分布不同的实验室进行了研究，发现科学家更喜欢聚集在实验室外的交互空间进行交流。他们由此得出结论：空间分布不同会造成空间使用情况的不同，从而影响与科研和教学有关的交互活动。Toker 的研究结果指出：从信息流的角度来讲，建筑内空间的规划对创新有着重要的意义。

综上所述，合理的空间组构关系为创造更多的随意性交流提供了一个理想的空间环境，也是产生随意性交流必不可少的先决条件。

3.2 可视程度

视域的分析基于贝内迪克特（Benedikt）提出的“空间可视点集”（isovist）的概念。可视程度是指从公共空间中的某一点可以看到的空间区域面积，高可视度的空间无疑对促进面对面交流有着积极作用。可视范围的扩大创造了更多目光接触和偶然咨询的机会，让人们从彼此隔绝的环境束缚中解脱出来，增加了面对面交流的可能性。可视范围可以是同一楼层的公共空间，也可以是跨越不同楼层的大范围空间，这就对空间设计提出了共享交互式场景的要求。可视程度的增加不单纯是公共空间面积的增加，还包括观看方式的拓展。其对象不只限于公共门厅等场所，还包括以教室或办公室为主的楼层，而通常情况下设计者往往将设计重心放在共享大厅等高展示度的空间，对于使用面积相对集中的区域则缺乏必要的探索。可视程度的提高，不仅增加了面对面交流的可能性，还对改善空间单调沉闷的氛围有积极的作用。（本书 5.2.1 节就本研究案例各层平面的空间视觉整合度做了详尽的分析与比较）

3.3 步行距离

步行距离，即访问者从起始地到目的地途中经过的距离或者在楼层规划图上测量得到的距离。研究表明，当起始地和目的地之间的步行距离增加时，非预约来访咨询的数量就会减少；当步行距离缩短时，非预约来访咨询的数量就会增加。并且，大量的随意性交流发生在同一楼层，可见跨越楼层的设计也会导致非预约来访咨询的数量减少。这些研究结果显示，短的步行距离更利于激发随意性交流，楼层的不同在一定程度上增加了使用者之间的隔离。

解决这一问题的关键在于：首先，在空间组构过程中缩短相关空间单元的间距；其次，将交流密切的空间单元尽可能布置在同一楼层内；最后，在不同楼层间开辟直接通道或增加可视度，缩短步行距离和降低隔离感。

图 3-3-1　中国美术学院象山校区设计学院

图片来源：徐璐．造园与育人：访中国美院象山新校区设计师王澍［J］．公共艺术，2011（03）：52-55.

如图 3-3-1 所示，直接连接不同楼层的直跑楼梯的设计手法，可以有效缩短不同楼层的步行距离；如图 3-3-2 所示，竖向空间的设计，可以扩大楼层的可视范围；如图 3-3-3 所示，错层的处理手法，可以扩大楼层间的相互可见度，以上三种处理手法或有效地缩短了上下楼层的步行距离，或增加了上下楼层间的相互可见度，以此为个体间的偶遇创造更多的机会，进而激发更多的随意性交流。

图 3-3-2　中央美术学院建筑学院（1）

图片来源：杨洲．艺术·学院·空间：中央美术学院建筑学院教学楼设计创作［J］．建筑学报，2007（08）：14-21.

图 3-3-3　中央美术学院建筑学院（2）

图片来源：杨洲．艺术·学院·空间：中央美术学院建筑学院教学楼设计创作［J］．建筑学报，2007（08）：14-21.

3.4 空间利用吸引体

通过对使用者的跟踪调查及无限制提问得知，空间利用吸引体是指公共空间中的办公设施（如复印机）、生活设施（如咖啡机、饮水机）或休闲设施（如舒适的座椅、阅览物），甚至是像栏杆、扶手等一些人们喜欢近距离接触或倚靠的物体，这些物体是营造非正式的、友善的空间环境的有利条件。一个非正式的、自由的空间环境，配以可近距离接触的令人愉快的事物，更易激发随意性交流。因此，空间利用吸引体的设置能吸引教师和学生聚集在其周围的空间领域，从而产生随意性交流。

目前，在教学楼中开辟一些综合性服务空间，或在不同空间中设置公共设施，不单单是改善教学办公条件和提高人性化程度，更重要的是能有效增加人们偶然碰面和交流的概率。

图 3-4-1、图 3-4-2 所示为美国明尼苏达大学的两栋教学楼的室内空间，两者均通过设置一些公共设施（书架、桌椅、橱柜、张贴栏、信报箱、自动售货机等）作为空间吸引体来吸引人流，并使之驻足停留，以创造更多的随意性交流的机会。

图 3-4-1　美国明尼苏达大学教学楼（1）

图片来源：井渌　摄

图 3-4-2　美国明尼苏达大学教学楼（2）

图片来源：井渌　摄

3.5 环境感知质量

环境感知质量是使用者对空间环境质量的评价，是一个空间被高频率使用的最主要原因，也是空间场所易产生随意性交流的根本所在。富有情趣的空间形式、良好的空间尺度、独特的细部处理、优美的空间环境、舒适的空间配置，都会给使用者身心留下不可复制的、与众不同的感受。教学空间的质量并不取决于其装修的豪华程度，而在于其能否给人以归属感，能否激发人们产生参与意识和主人翁精神。材质的质感及细部的处理应当能够反映其建造过程并激发人们的想象力，给人以独特的感官体验。

影响空间环境感知质量的因素主要有三个方面：

第一，潜在的环境因素。潜在的环境指的是周围空间环境中的声音、气味、温度等非视觉部分。

第二，设计因素。设计因素指的是能够被使用者直接感知的因素，如装修风格、装饰品、家具的摆设等。

第三，社会因素。社会因素指的是同一种空间环境里使用者的个人因素，如是否与人同行、有无共同语言等。

掌握了以上三个方面的因素，我们就可以营造一个高质量的感知空间环境以激发更多的随意性交流。

图 3-5-1、图 3-5-2 和图 3-5-3 分别通过设置公共艺术品、放置舒适家具、引进自然因素等设计手法，有效地提升了交互空间的空间环境感知质量。研究发现，舒适宜人的环境更容易吸引人流，并且从环境心理学角度来说，放松舒适的环境氛围能提升人的友善心，消除彼此的戒备心，有利于个体间产生随意性交流。

图 3-5-1　通过设置公共艺术品提升空间环境质量

图片来源：井渌　摄

图 3-5-2　通过放置舒适的家具提升空间环境质量

图片来源：井渌　摄

图 3-5-3　通过引进自然因素提升空间质量

图片来源：张杨，马越. 基于室内环境舒适度的图书馆建筑评价研究：以福州大学旗山校区图书馆为例［J］. 华中建筑，2020，38（05）：51-55.

3.6　本章小结

大学教学建筑内部日趋复杂的空间结构，不仅反映了空间美学的发展和创作自由度的加大，而且对空间设计提出了更高的要求。空间环境的易亲近性、可视程度、可达性及空间环境质量，对空间个体间的偶遇，以及进一步产生随意性交流有着明显的促进作用，这也是大学教学建筑充分发挥其作用的至关重要的先决条件。

Space Empowerment

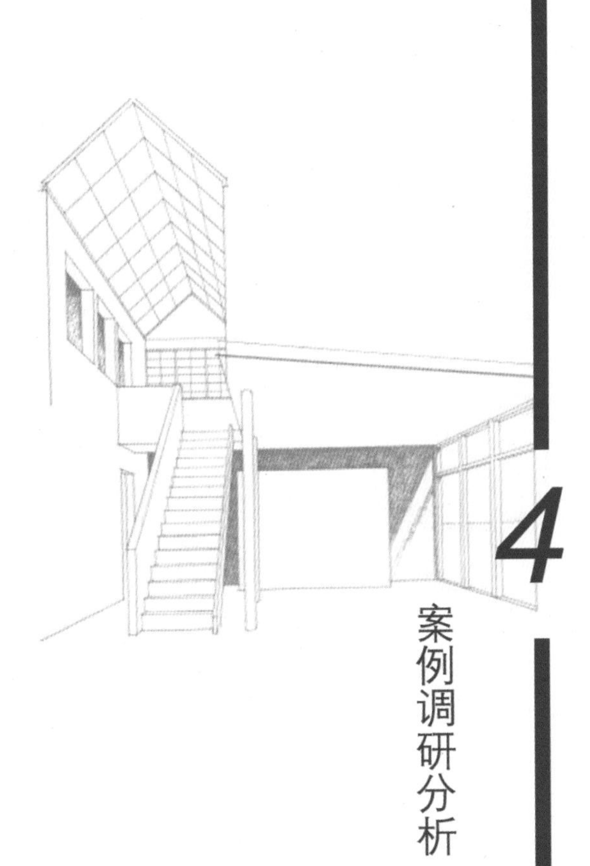

4 案例调研分析

大学是进行基本科学研究、产生新知识的主要机构之一。近年来，建筑内部的交互空间的设计已经引起广大建筑师及高校建筑建设负责人的重视，并且有相当多一批大学建筑已经采用交互空间设计并建成投入使用。该类建筑空间能否达到预期目的，必须通过使用者的使用才能得以验证。只有掌握空间使用者的行为方式及其对空间的需求，才能更准确地把握空间设计的要领，从而为空间设计提供有价值的参考意见。本书之所以选择建筑与设计学院作为调研案例，是因为该建筑在设计阶段设计师就已经对建筑内部的交往空间进行了设计，并且该建筑中的空间类型比较丰富，具有一定的代表性，可为设计实践中的应用策略提供依据。

为了以科学的方法获得第一手资料，更为了调研结果的全面性，在进行现场调研之前，笔者阅读了大量关于人类行为学、环境心理学及空间场所评估等方面的书籍。其中，帮助最大的是俞国良等编著的《环境心理学》，以及克莱尔·库珀·马库斯（Clair Cooper Marcus）与卡罗琳·弗朗西斯（Carolyn Francis）合著的《人性场所：城市开放空间设计导则》（*People Places*：*Design Guidelines for Urban Open Space*）。然后，结合实际情况制订了相对完善的调研计划。

考虑到季节变化对人类行为的影响，在选择调研的季节时笔者经过慎重考虑最终选择了5月和9月，一年中气温相对适宜的春季和秋季，对建筑与设计学院楼进行全面的实地调研。之所以选择春秋两季，主要是因为通过前期的观察发现，在这两个季节，整个教学楼内的温差较小，教学楼内的人数较冬、夏两季要多。在寒冷的冬季，由于教室和走廊的温差比较大，学生多选择待在温度相对较高的教室里，走廊和一些开敞空间的使用率较低，不利于调研活动的进行。虽然在初步调研期间发现，周末教学楼内人的行为活动具有明显的不确定性，但考虑到进行的是大学教学空间内的随意性交流的研究，为了保证调研数据的全面性，我们在两个季节中分别用一周的时间进行调研记录，从而增强调研结果的客观性。

实地调研主要使用以下几种方法：

① 行为抽样法：当发生典型的空间行为时，观察者及时用笔在记录纸上记下行为内容及发生的时间等。这是一种被普遍使用的观察方法。

② 行为地图法：研究者在按一定比例绘制的平面地图上标出空间行为发生的地点，并且用不同的符号标出不同的空间行为。

③ 随机无限制访问法：随机询问空间使用者对空间的认知情况。随机，指对被调查者的选择是随机的；无限制，指使用者对空间的认知是无限制的，如可以是建筑设计方面的，也可以是环境条件方面的。

4.1 案例简述

中国矿业大学建筑与设计学院楼位于其南湖校区北部，在北门附近，是2004年建设的教学楼。该学院楼由A、B、C三个区域组成（图4-1-1），A区为教学区，由教室、微机室、实验室等组成；B区主要是大的开敞的公共活动区域及多功能厅；C区主要是教师办公室和研究生工作室。

建筑与设计学院现有室内设计研究所、空间设计研究所、景观设计研究所、视觉传达研究所、产品设计研究所、数字媒体研究所、系统设计研究所、美术研究所、现代美术研究所、装饰艺术研究所、音乐系、设计教学中心和中心实验室。该学院具有完备的实验教学条件，拥有设计分析制作实验室、数字媒体实验室、音乐实验室共约1100 m^2，总建筑面积约为14000 m^2。

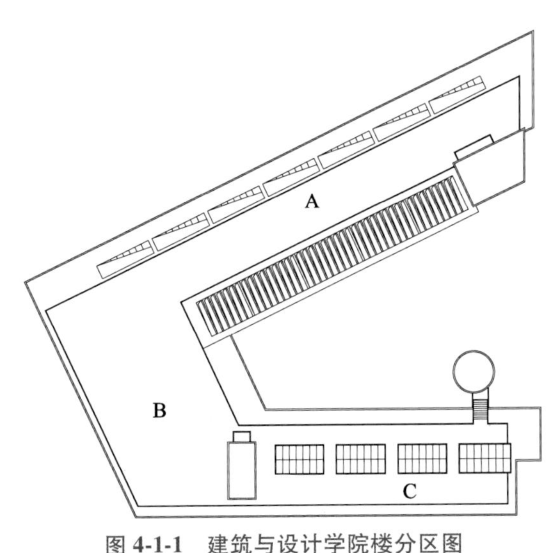

图4-1-1　建筑与设计学院楼分区图

该建筑的内部空间形式、边界处理方式都比较丰富，包含内廊、外廊、平台、过厅、越层、空间穿插等，这有利于分析相同物质环境、文化背景下的不同空间的特性。此外，该教学楼修建于2004年，在建筑设计、施工水平等方面能够体现21世纪一般综合性高校教学建筑的特点。因此选该建筑进行调研分析，具有一定的代表性。

4.2 调研内容

我们通过调研问卷和实地调查对建筑与设计学院楼进行调研，获得了第一手资料，也为本书结论的得出提供了有力的依据。此次共发出160份调查问卷，实际收回138份，回收率约86%，调研对象包括本科生、研究生、教师以及该学院楼的管理者。因此，该调研结果具有一定的参考价值。

我们首先对该学院楼的整体空间环境进行了问卷调查，然后根据调查所得数据绘制了表4-2-1、图4-2-1、表4-2-2、图4-2-2、表4-2-3和图4-2-3。由表4-2-1、图4-2-1、表4-2-2可知，空间使用者对该学院楼的整体空间环境的评价是比较肯定的。因此，该空间环境对空间内的随意性交流的影响是正面的，这就使分析结果受客观因素的影响很小。换言之，我们选择对该教学楼进行调研分析是合理的。

表4-2-1　对该学院楼整体空间环境的评价　　人

很不满意	不满意	稍不满意	一般	稍满意	满意	很满意
4	12	17	68	32	4	1

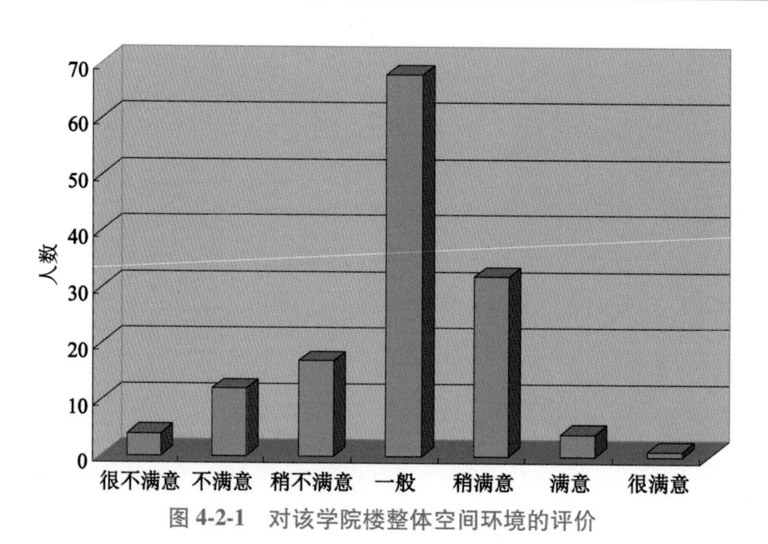

图4-2-1　对该学院楼整体空间环境的评价

表 4-2-2 对该学院楼的整体评价 人

	很弱	弱	稍弱	一般	稍好	好	很好
该学院楼对创造力或学习的引导性	13	24	30	38	17	13	3
该学院楼对创造力或学习的总贡献	10	18	18	50	26	13	3
该学院的知名度	13	18	28	41	17	18	3
你对本次该学院情况调查的满意度	8	4	16	48	17	35	10

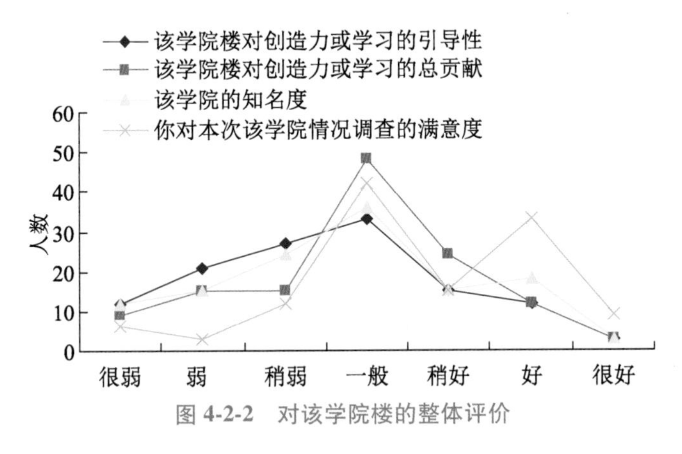

图 4-2-2 对该学院楼的整体评价

表 4-2-3 各种信息交流方式所占的百分比 %

电话咨询	电子邮件	定期小组会议	临时小组会议	预约办公室造访	偶遇交流	随机办公室造访
4	6	5	4	3	22	56

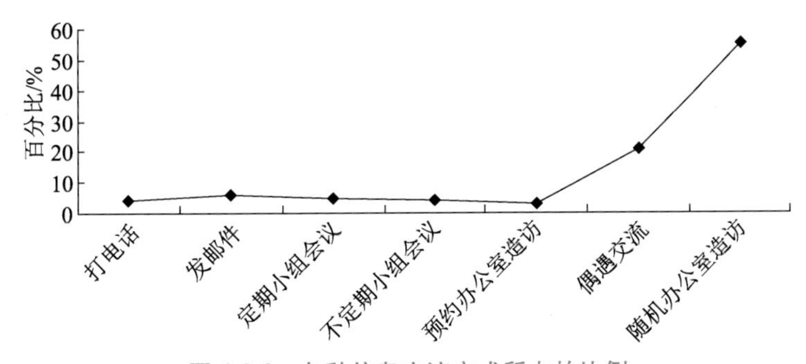

图 4-2-3 各种信息交流方式所占的比例

根据调研结果可知，被调查人员之间的信息交流方式有很多种。通过对调研数据的整理分析可以看出，被调查人员之间的信息交流只有 10% 是通过电子邮件和电话咨询完成的，其余90%的信息交流是通过面对面的语言沟通实现的，并且其中78%的面对面的交流是以随意性交流的形式实现的（表4-2-3、图4-2-3）。这一结果与Toker的研究结果基本一致。

4.2.1 一层空间分析

建筑的一层（图4-2-4）的A区包括两个实验室和一个门厅，其中门厅兼作展厅；B区作为A区和C区的连通空间，包括一个与门厅相结合的展厅和一个音乐系教室（主要用作琴房）；C区是资料阅览室、咖啡厅和打印店。

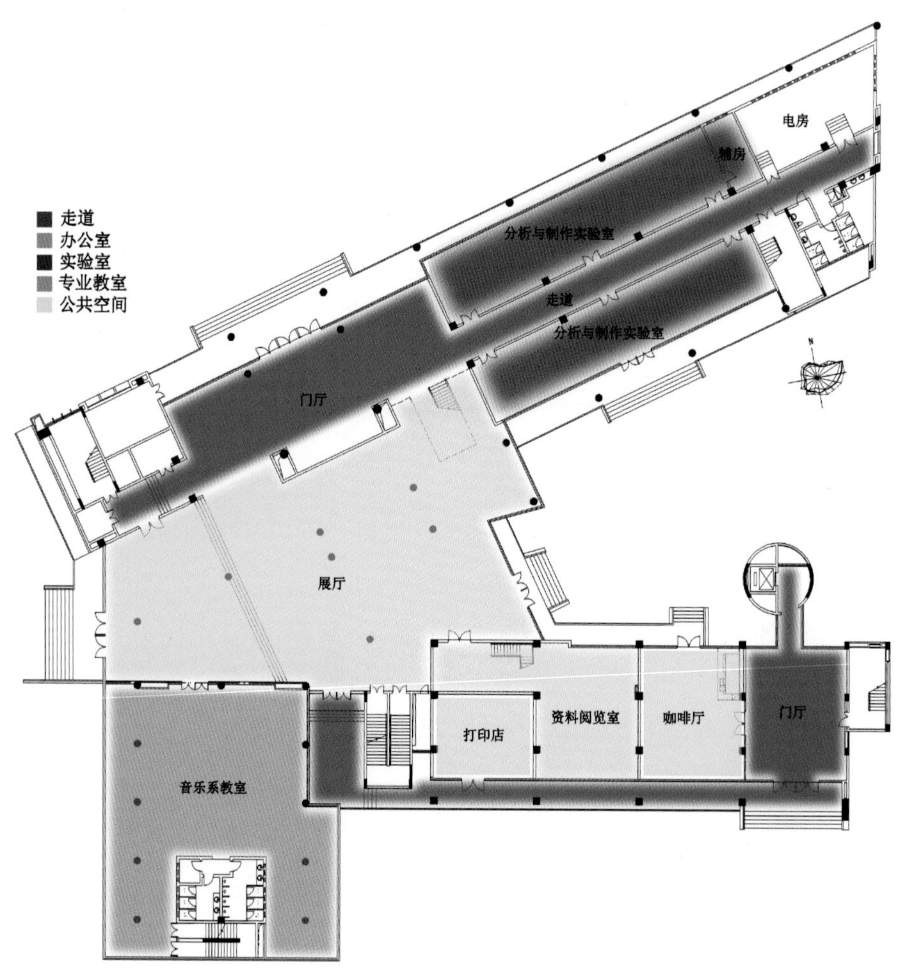

图4-2-4 一层空间分类图

（1）一层现场调研分析

图 4-2-5 中 A 区的实验室作为两个凸空间由走道与门厅直接相连，走道尽端的电房属于设备用房，只有特定人员可以使用。两个实验室是分析与制作实验室，都是相对独立的固定空间，内部有大型器械设备，是工业设计专业学生进行模型制作的地方，其他专业学生很少使用，由于其使用对象有限，因此使用频率不高。门厅空间比较大，有时兼作展厅。但用作展厅的时间较少，平时就显得过于空旷，由于该空间没有任何公共设施，因此，在没有展览时，人们途经该空间只会快速离开而不会停留。我们做过实验，在该空间的显著位置设置一些隔板，或者放置一幅画或任意一幅学生的设计作品，进入大厅的人都会稍作停留，观赏一番。

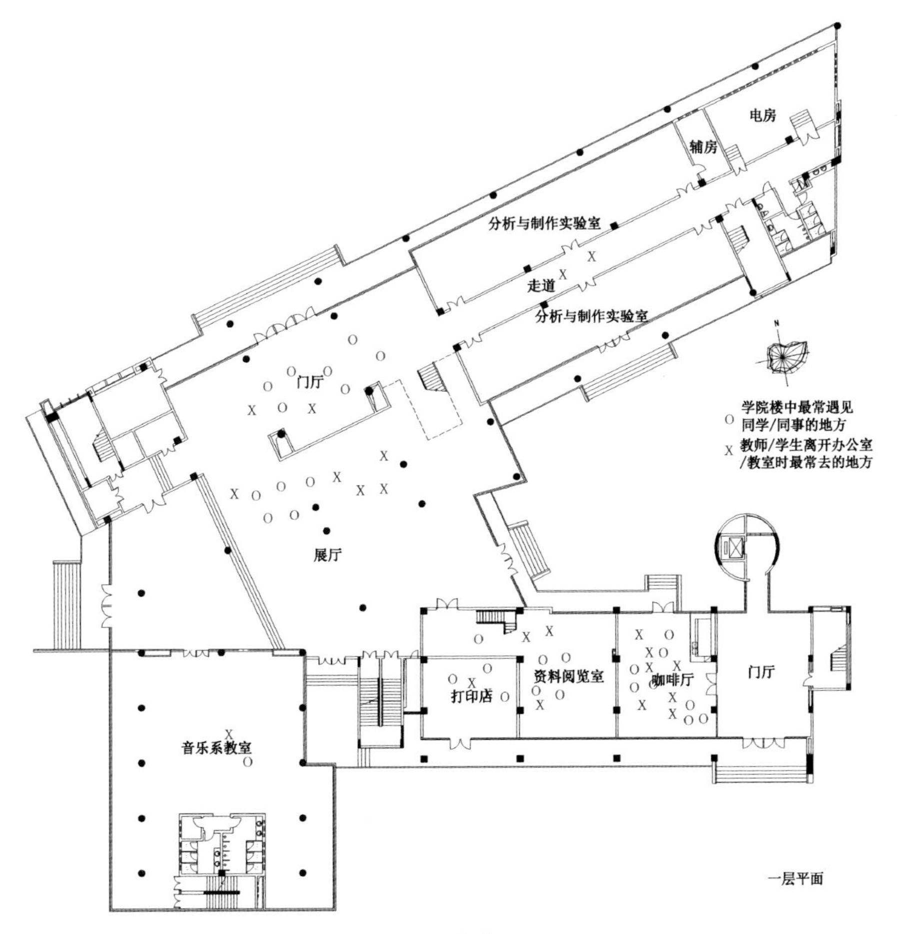

图 4-2-5　行为地图（1F）

B 区的展厅属于开敞空间，调研发现这里虽然人流量很大，但是人们没有停留。究其原因也是因为没有必需的公共设施，空间过于空旷，造成空间的浪费。音乐系教室，主要是琴房，平时除了音乐系学生外，基本不对外开放。

C 区的咖啡厅紧邻 C 区的出入口，有舒适的软座椅、尺寸适宜的桌子，有钢琴，有悠缓的背景音乐，有热饮和午餐供应，并有独立的出入口，是人们最喜欢聚集的地方。资料阅览室有独立的出入口，有桌椅，报纸、期刊等资料比较齐全，是师生比较喜欢去的地方。打印店为教师及学生的工作和学习提供了方便，但由于其出入口较偏僻，进出很不方便。

学院楼的一层空间类型丰富，视野相对开阔，人流量大，偶遇性也比较强。该层功能丰富，使用比较方便，各房间可达性高，门厅可兼作展厅，为广大师生提供了一处可以展示自己作品的空间。当有作品展出时，门厅便是人们很喜欢逗留的场所。

根据调研，一层的门厅、展厅、资料阅览室和咖啡厅的使用率较高，主要是因为这些空间的可视范围大，可达性高。其中，资料阅览室与咖啡厅是人气最高的场所，也是该层的最佳休息区。这里，软座椅、热饮供应等营造了舒适的空间环境，除此之外人们还可以阅览图书。对于展厅，通过随机访问，大家一致反映该空间缺乏公共设施，在等待朋友或休息时没有可供停留、休息的座椅，且缺乏艺术气息，无法体现艺术学院的特点。

在采用行为抽样法和行为地图法标记的同时，我们还对空间使用者进行了调查。主要是针对某些使用频率较高的空间，以随机无限制访问的形式，了解空间使用者喜欢使用该空间的原因，他们一般在此做什么，以及他们认为该空间还有哪些不足。同时，针对一些使用率较低的空间，了解其不被经常使用的原因。这里的无限制访问主要体现在，空间使用者对空间感知的所有的方面都可以作为调研回答。

图 4-2-6 中，红色文字是空间使用者对空间环境的感知情况，蓝色文字是空间使用者使用该空间的目的。

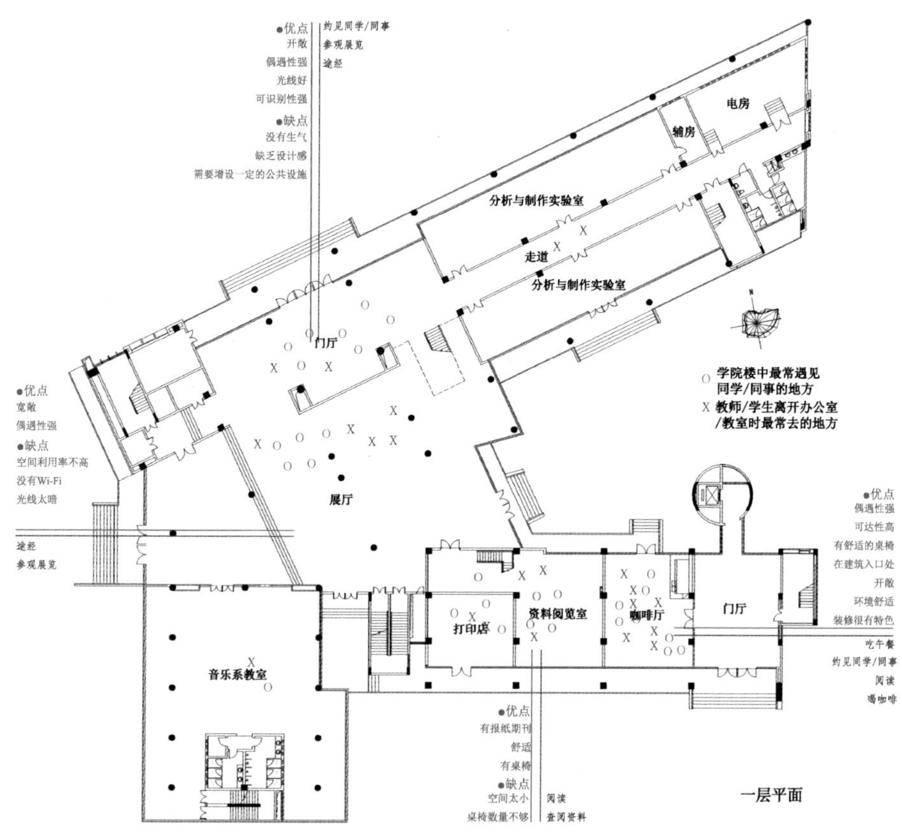

图 4-2-6　随机无限制访问记录图（1F）

（2）一层空间环境总结

门厅——优点：开敞、偶遇性强、光线好、可识别性强。缺点：没有生气、缺乏设计感、需要增设一定的公共设施。目的：约见同学/同事、参观展览、途经。

展厅——优点：宽敞、偶遇性强。缺点：空间利用率不高、没有Wi-Fi、光线太暗。目的：途经、参观展览。

资料阅览室——优点：有报纸期刊、舒适、有桌椅。缺点：空间太小、桌椅数量不够。目的：阅读、查阅资料。

咖啡厅——优点：偶遇性强、可达性高、有舒适的桌椅、在建筑入口处、开敞、环境舒适、装修很有特色。目的：吃午餐、约见同学/同事、阅读、喝咖啡。

4.2.2 二层空间分析

建筑的二层A区包括实验室及实验室辅助用房，以及一个兼作展厅的休息平台；B区包括一个A、C区共用的休息平台和一个报告厅；C区为办公室和会议室（图4-2-7）。

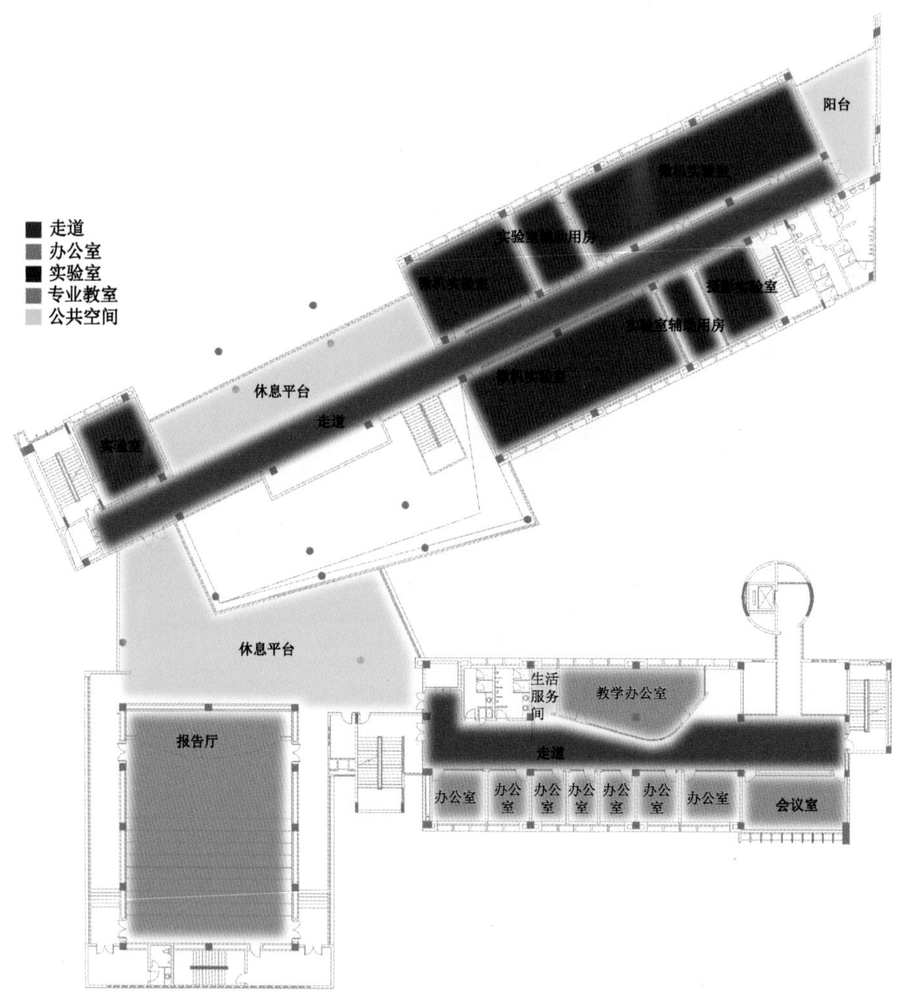

图4-2-7 二层空间分类图

（1）二层现场调研分析

A区的实验室作为凸空间由走道与休息平台直接相连，走道尽端是一个半开敞的阳台，阳台与走道之间由一扇玻璃门隔断。实验室都是相对比较封闭的固定空间，其中有三个是微机实验室，还有一个是摄影实验室，并有实验室辅助用房和暗室与之相连。三个微机实验室中有一个设备配置比较先进，是供特定专业的教师和学生使用的，但其使用率较高。

A 区的休息平台空间比较宽敞，这里经常兼作展厅，用来展示设计专业学生的设计作品；平时也经常有学生把自己的作品放置在此处，供同学观赏并提出宝贵意见。而在没有展览或学生作业展出的时候，由于该空间没有任何公共设施，显得过于空旷，因此很少有人停留，空间的使用并不能达到预期的目的。我们也曾做过和一层大厅一样的实验，在该空间设置一些隔板，或者放置一幅画或任意一件学生的设计作品，进入该空间的人都会略做停留，观赏一番，甚至彼此就所看到的事物做一番讨论。

B 区的休息平台空间很宽敞，视野也很好，既是平时休息的平台又是 A 区与 C 区连接的唯一通道，还是多功能厅的疏散平台，平时多用作交通空间和休息区，在有报告的时候还可以张贴一些与报告相关的海报，是一个多用途的有效空间。由于其特殊的空间位置及在整个平面构形关系中的作用，它成了该层平面的一个核心空间。

C 区主要是由与走道直接连接的办公室、会议室和一个生活服务间组成。每个办公室都直接与走道连通，走道又直接与 B 区的休息平台相连。该层办公室靠近内走廊的一面都是透明的落地玻璃窗，形成所谓的半固定空间，目的是增加空间内外的视觉交流。这些办公室除教学办公室外，其他办公室落地玻璃窗内侧都有百叶窗帘。在调研过程中，这些有百叶窗帘的办公室平时窗帘都是拉下来的，并且办公室的门都是关闭的，这就使得原来的半固定空间都变成了封闭性较强的固定空间，完全背离了设计的初衷。

教学办公室的平面形状不是常规的矩形（图 4-2-8），而是一个相对自由的空间形状，并且它是一个由三面透明落地玻璃窗组成的半固定空间，再加之其功能和服务对象与其他办公室不同，所以教学办公室的内外交流相对其他完全封闭的办公室要频繁得多。生活服务间是一个可以加热食物、提供热水的空间场所，它的设置目的是为中午加班，或离家远的教师提供一个可以加热食物的地方，为他们的生活带来方便。但在调查研究中发现，该空间的使用率并不高，经常是闲置的。

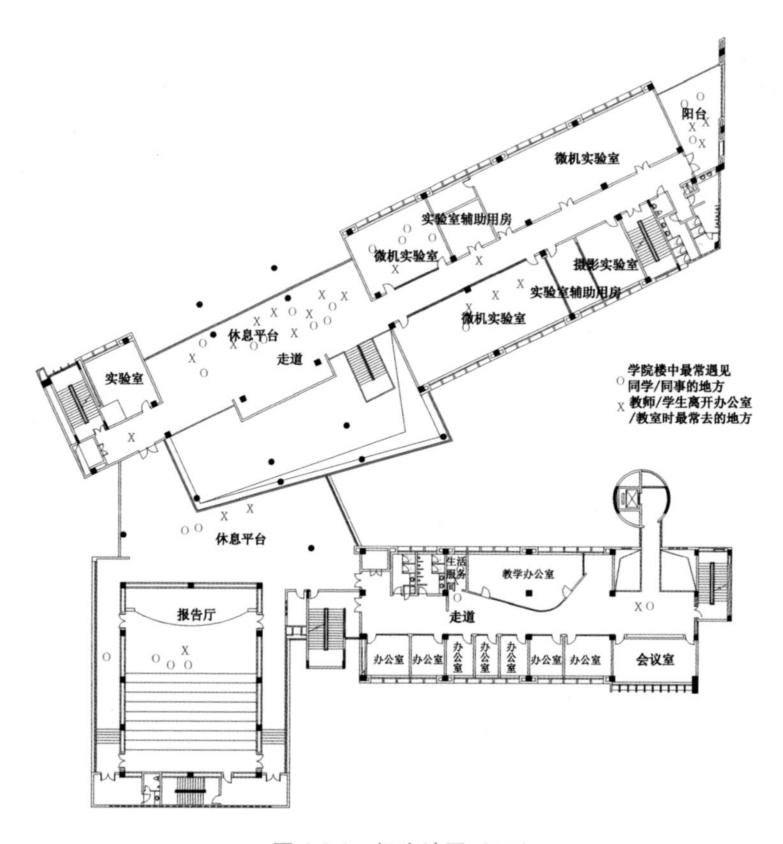

图 4-2-8 行为地图（2F）

如图 4-2-8 所示，A 区的休息平台是师生使用率最高的空间场所。虽然该空间楼层较低，景观也不是很好，但由于其相对自由的空间形式，以及其在楼层中便利的空间位置，师生还是很喜欢选择在此处停留，或约见同事或同学。设备配置较先进的微机实验室以及楼层最东端的阳台，也是使用率相对较高的空间。

B 区的休息平台既是 A 区和 C 区连通的唯一交通空间，又是一个形式自由、视野开阔的休息空间，还是报告厅的疏散平台。因此，该空间人流量较大，是师生经常遇到同事或同学的地方。该空间东部的拐角空间由于不处在 A、C 区连通的主要交通路线上，因此其相对安静，人们在这里可以俯视内庭院景观，适合休息、停留、约见同事或同学等。

在进行行为抽样法和行为地图法标记的同时，我们还对空间使用者进行了调查。主要是针对某些使用频率较高的空间，以随机无限制访问的形式，向空间使用者了解他们喜欢使用该空间的原因，一般在此做什么，以及他们认为该空间还有哪些不足。同时，针对一些空间使用率很低的空间，了解其不被经常使用的原因。这里的无限制访问主要体现在，空间使用者对空间感知的所有方面都可以作为回答。

图 4-2-9 中红色文字是空间使用者对空间环境的感知情况，蓝色文字是空间使用者使用空间的目的。

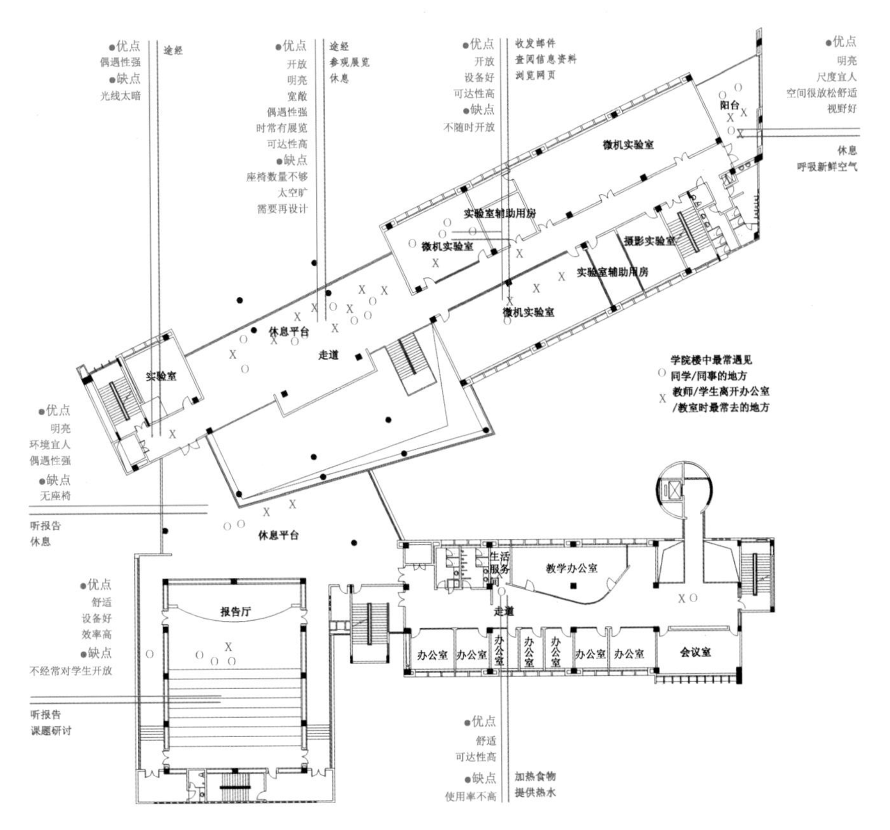

图 4-2-9　随机无限制访问记录图（2F）

（2）二层空间环境总结

楼梯出口——优点：偶遇性强。缺点：光线太暗。目的：途经。

A 区休息平台——优点：开放、明亮、宽敞、偶遇性强、时常有展览、可达性高。缺点：座椅数量不够、太空旷、需要再设计。目的：途经、参观展览、休息。

微机实验室——优点：开放、设备好、可达性高。缺点：不随时开放。

目的：收发邮件、查阅信息资料、浏览网页。

阳台——优点：明亮、尺度宜人、空间很放松舒适、视野好。目的：休息、呼吸新鲜空气。

B 区休息平台——优点：明亮、环境宜人、偶遇性强。缺点：无座椅。目的：听报告、休息。

报告厅——优点：舒适、设备好、效率高。缺点：不经常对学生开放。目的：听报告、课题研讨。

生活服务间——优点：舒适、可达性高。缺点：使用率不高。目的：加热食物、提供热水。

4.2.3 三层空间分析

建筑的三层（图 4-2-10）A 区主要包括六个教室和一个阳台；B 区是一个连通 A、C 区的休息平台；C 区主要是办公室。

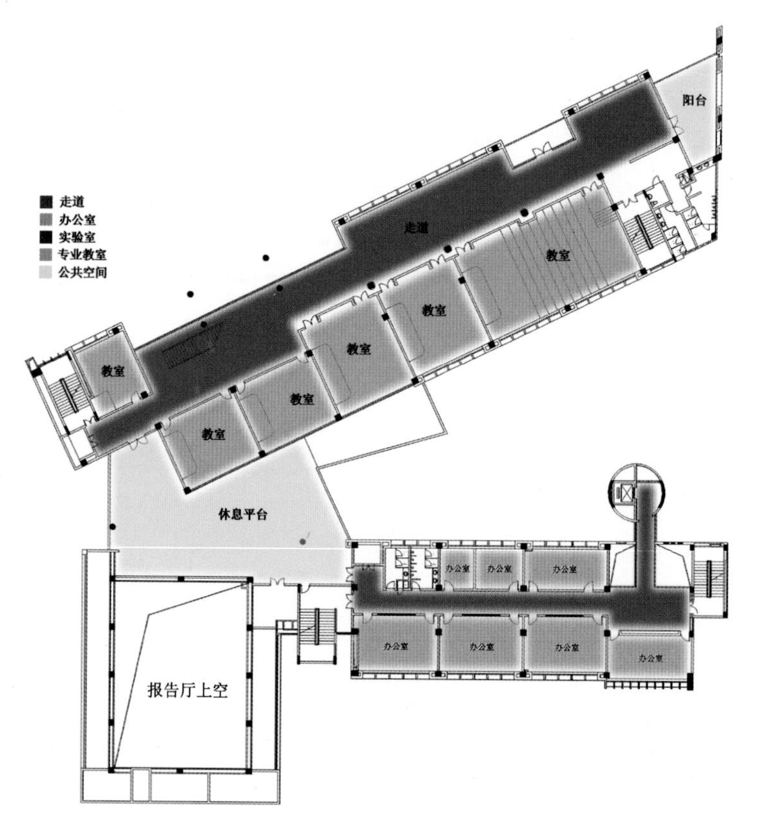

图 4-2-10 三层空间分类图

（1）三层现场调研分析

图 4-2-11 中 A 区的教室作为六个凸空间与走道直接相连。六个教室都是多媒体教室，是相对独立的固定空间。学院里大部分多媒体课程都安排在该层的教室，因此教室平时的使用率还是很高的。走廊做了局部放宽的设计，设置了一些展柜，并在靠近教室的墙上设计了橱窗，里面主要展出优秀的学生设计作品。在走廊中间有一个连通三层空间的直跑楼梯，直通四层、五层的设计教室，这样方便教师和同学转换教室上课。

对教室在上课时间段的调研发现：

① 课间休息时，学生多选择在教室附近区域活动。

尽管课间 10 分钟的休息时间足够做一个相当距离的往返运动，但学生还是选择在距离上课教室较近的空间区域活动。

② 下意识地聚集在某些事物的边界区域。

临近窗户的墙角、柱子旁、展柜旁，以及有扶手或栏杆的空间区域是学生选择停留较多的场所；相反，在一些相对开敞的且比较空旷的空间却鲜少有人停留。

B 区的休息平台空间很宽敞，视野也很好，除连通 A、C 区外，它还是一处很好的休息场所。在主要交通流线两侧的拐角空间，由于其相对安静、私密性强，并且有墙体或栏杆作为依靠，因此使用率较高。

C 区主要由办公室作为凸空间与走道直接相连。走道在尽端做了空间局部放大处理，作为电梯和楼梯的缓冲空间，并在通往电梯的走廊两侧做了竖向连通空间，增强了与一、二层空间的联系。

教室和办公室私密性强、非常安静，是学习和工作的良好空间，但由于过于封闭，人们彼此间的交流很少。走廊和休息平台空间宽敞明亮、视野开阔、人流量大、自由性强，是同学、教师课间休息的优选场所，也是彼此畅谈交流的处所。直跑楼梯的设置，缩短了教室之间的距离，增强了彼此的可达性。但走廊和休息平台缺乏设计感，没有可供人停留或休息的公共设施，且很多空间被杂物占用，造成了该空间的浪费。

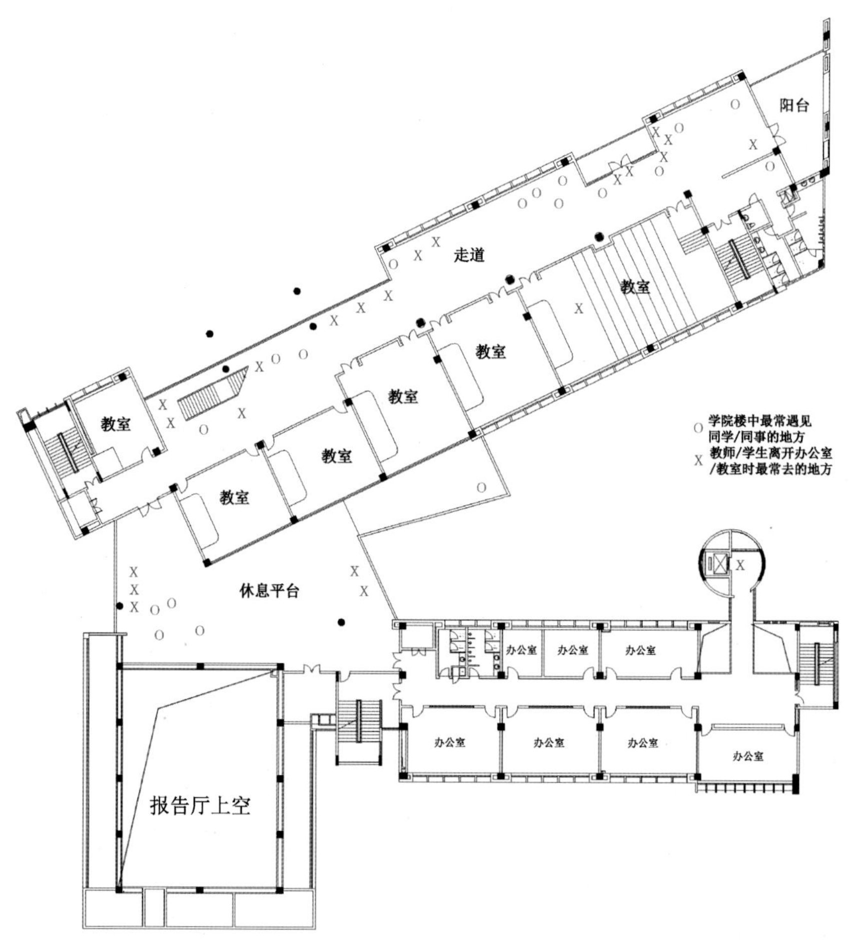

图 4-2-11　行为地图（3F）

在进行行为抽样法和行为地图法标记的同时，我们还对空间使用者进行了调查。主要是针对某些使用频率较高的空间，以随机无限制访问的形式，向空间使用者了解他们喜欢使用该空间的原因，一般在此做什么，以及他们认为该空间还有哪些不足。同时，也会针对一些空间使用率很低的空间，了解这些空间不被经常使用的原因。这里的无限制访问主要体现在，空间使用者对空间感知的所有方面都可以作为回答。

图 4-2-12 中，红色文字是空间使用者对空间环境的感知情况，蓝色文字是空间使用者使用空间的目的。

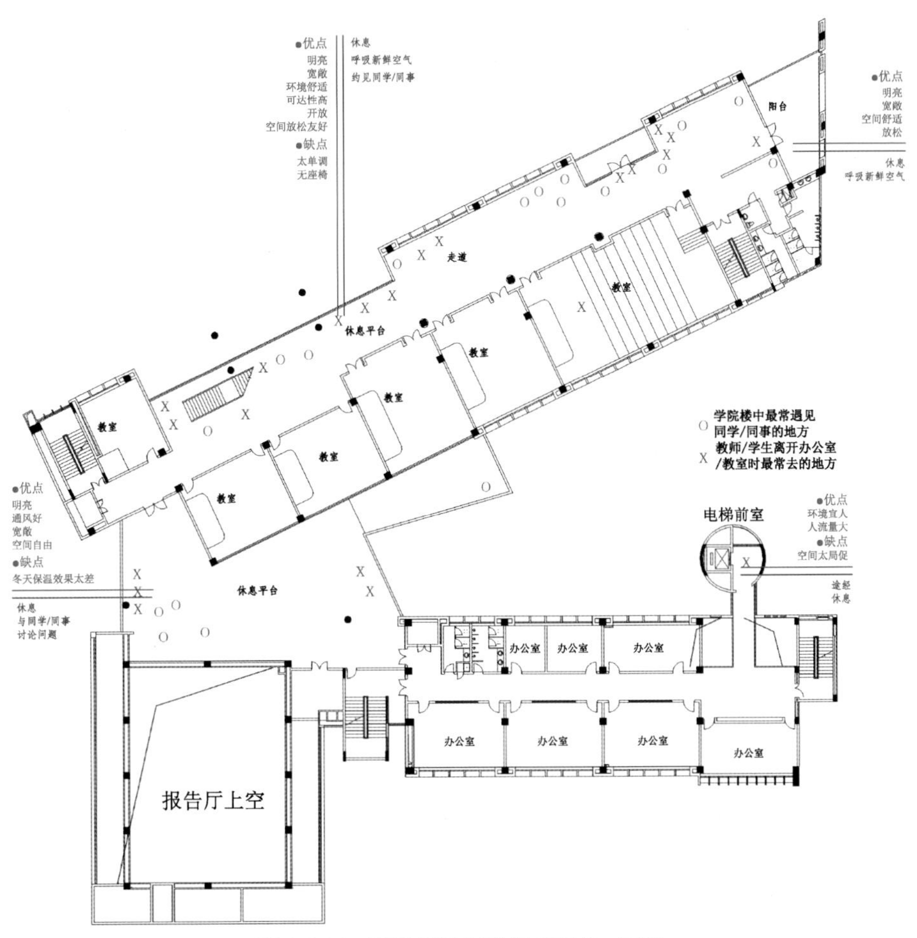

图 4-2-12　随机无限制访问记录图（3F）

（2）三层空间环境总结

A 区休息平台——优点：明亮、宽敞、环境舒适、可达性高、开放、空间放松友好。缺点：太单调、无座椅。目的：休息、呼吸新鲜空气、约见同学/同事。

阳台——优点：明亮、宽敞、空间舒适、放松。目的：休息、呼吸新鲜空气。

B 区休息平台——优点：明亮、通风好、宽敞、空间自由。缺点：冬天保温效果太差。目的：休息、与同学/同事讨论问题。

电梯前室——优点：环境宜人、人流量大。缺点：空间太局促。目的：途经、休息。

4.2.4　四层空间分析

建筑的四层（图 4-2-13）A 区主要是设计教室；B 区是一个连通 A、C 区的半开敞式的休息平台；C 区主要是办公室。

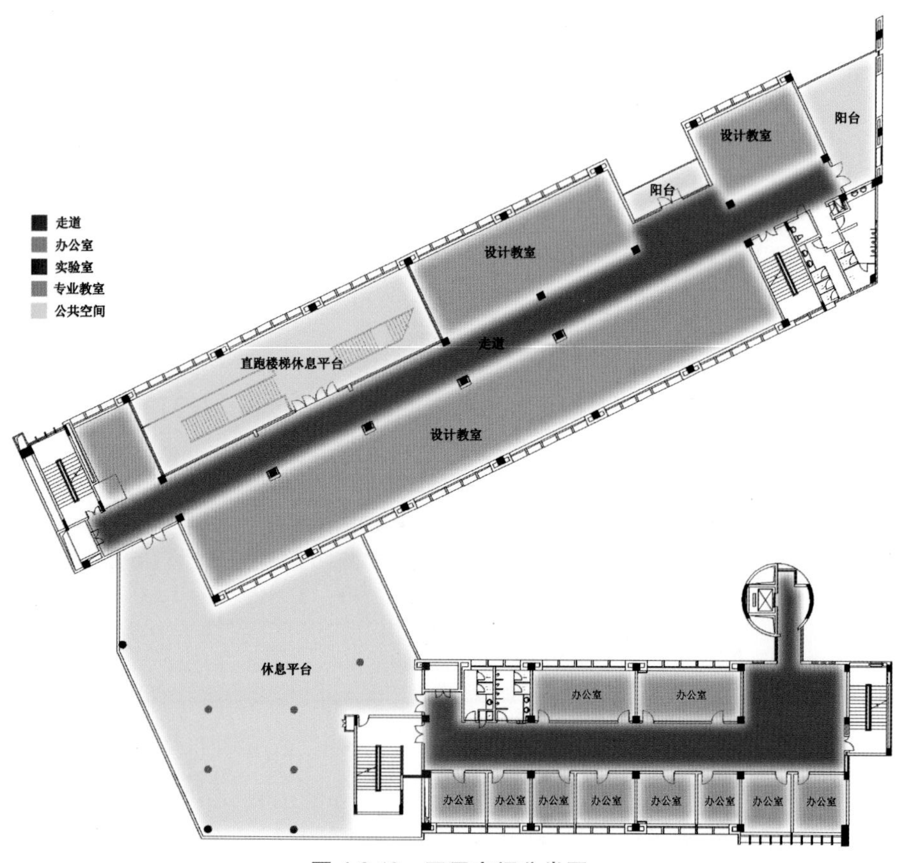

图 4-2-13　四层空间分类图

（1）四层现场调研分析

图 4-2-14 中 A 区的设计教室以半开敞的空间形式与走道直接相连，形成一种流动式空间。设计教室被隔断分割成若干个小的设计教室，但与走道相连的一面都是完全开敞的，这样的布置形式增强了空间的整体性与流动性。该层除了建筑两端的疏散楼梯外，还有一个开敞性的竖向交通空间，该空间贯通三层，在该层位置有一个放大的休息平台，调研发现这里有时会临时摆放一些学生作业，靠近通往五层的楼梯部分是艺术系学生做泥塑的空间。

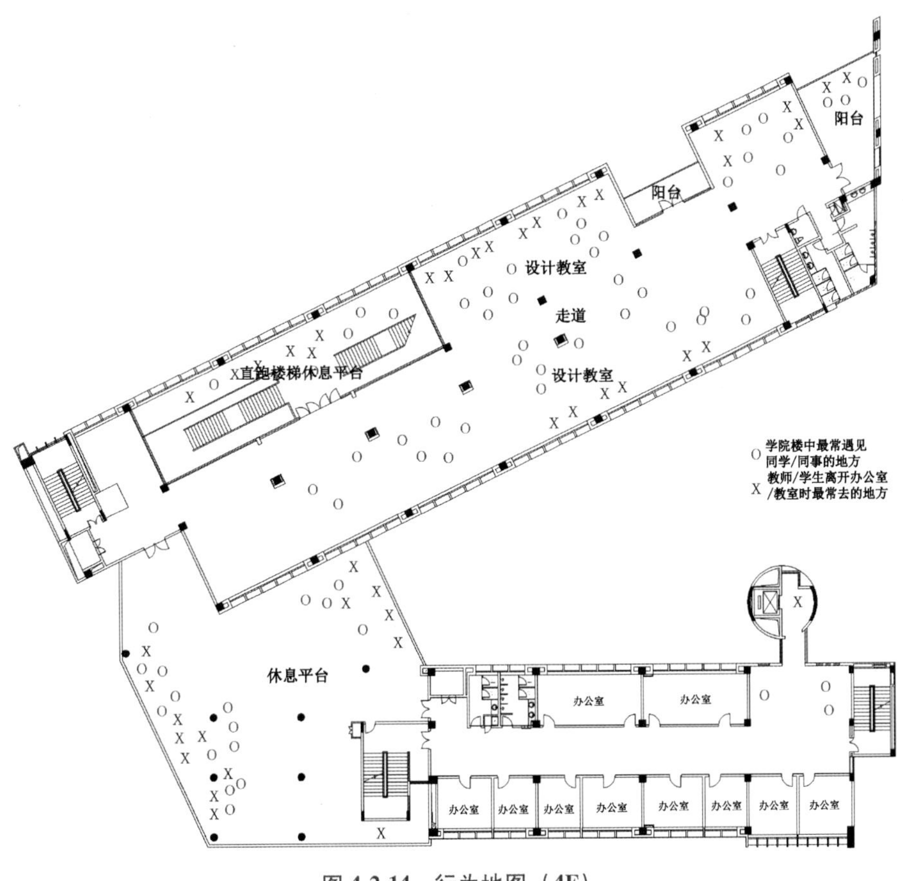

图 4-2-14 行为地图（4F）

B 区的休息平台是一个半围合的空间，视野很好，有良好的内庭院景观和自然景观。由于其封闭性不强，因此在寒冷的冬季，这里温度基本等同于室外温度，没有人停留；但在炎热的夏季，这里却是一个不错的避暑空间。

C 区主要是由办公室作为凸空间与走道直接相连。走道做了加宽处理，竖向空间上，可以直通六层，并且在尽端做了空间局部放大处理，作为电梯和楼梯的缓冲空间，并设置了一些桌椅，为教师提供一个休息和交流的空间。

四层设置的直跑楼梯增强了各楼层的可达性，并且有较好的景观，使用率较高。中部的休息平台，由于其开敞、明亮、自由，广受同学和教师喜爱，经常有同学在这里画画、聊天；不足之处在于，没有供人休息的公共设施，并且处于背阴面，装修材料质感过于冷淡，缺少生气。办公室部分私密性强、安静，适合工作和学习，但走廊由于过于封闭，采光不足，显得比较冷清。

设计教室外部自然环境较好，在朝北的教室里可以看到云龙湖及小南湖风景区，朝南的教室虽然没有良好的景观，但采光较好，并且设有舒适的桌椅，即使没有同学上课，教室也是很受欢迎的。而它的不足之处却正是它的开放性，设计的初衷是想通过一些开放空间，来创造同学之间更多的偶遇机会，进而产生更多的随意性交流。

设计教室不同于普通的教室，它是设计专业学生用来上专业课、做专业设计、进行专业课设计绘图的地方。理论上讲，它应该是学生使用频率最高和使用时间最长的教室。调研发现（图 4-2-15），虽然学生在设计教室相遇的频率很高，但使用时间却都很短暂。使用频率高是因为专业设计课都必须在设计教室上；但上完课学生大都选择回宿舍做设计。通过随机抽访调查发现：专业课设计要使用的工具很多，但设计教室是完全开放的，绘图工具放在教室里经常丢失，以至于学生们每次上课都要带很多工具，上完课还要带回宿舍，防止丢失；并且，设计教室没有 Wi-Fi，学生无法上网查询信息，导致学生都选择在宿舍做设计。在调研中还有一个问题比较突出：设计教室的开放性设计是为了更多地激发学生之间的碰面机会，但它的开放性设计导致室内的空间环境不宜于人们长时间停留。特别是在冬季和春季，冬季虽然学校有暖气，但完全开放的空间形式，使得教室内保温效果很差，到了春暖花开的季节，室内温度却又远低于室外温度。

在进行行为抽样法和行为地图法标记的同时，我们还对空间使用者进行了调查。主要是针对某些使用频率较高的空间，以随机无限制访问的形式，向空间使用者了解他们喜欢使用该空间的原因，一般在此做什么，以及他们认为该空间还有哪些不足。同时，也会针对一些空间使用率很低的空间，了解这些空间不被经常使用的原因。这里的无限制访问主要体现在，使用者对空间感知的所有方面都可以作为回答。

图 4-2-15 中，红色文字是空间使用者对空间环境的感知情况，蓝色文字是空间使用者使用空间的目的。

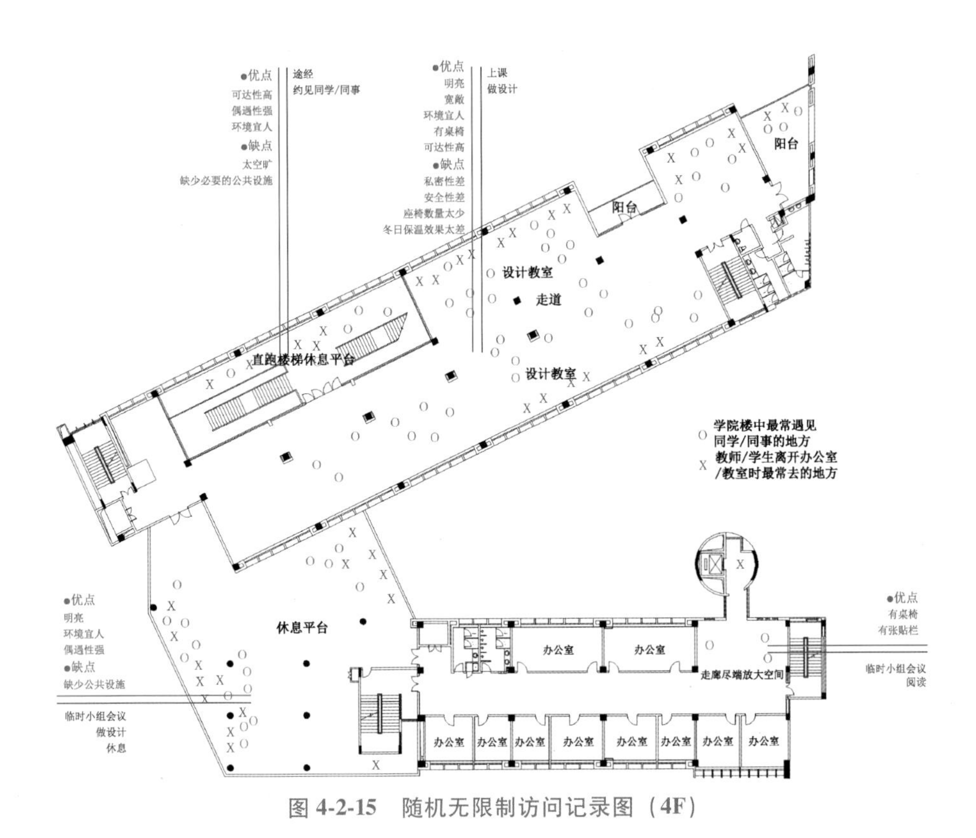

图 4-2-15　随机无限制访问记录图（4F）

（2）四层空间环境总结

A 区直跑楼梯休息平台——优点：可达性高、偶遇性强、环境宜人。缺点：太空旷、缺少必要的公共设施。目的：途经、约见同学/同事。

设计教室——优点：明亮、宽敞、环境宜人、有桌椅、可达性高。缺点：私密性差、安全性差、座椅数量太少、冬日保温效果太差。目的：上课、做设计。

B 区休息平台——优点：明亮、环境宜人、偶遇性强。缺点：缺少公共设施。目的：临时小组会议、做设计、休息。

C 区走廊尽端放大空间——优点：有桌椅、有张贴栏。目的：临时小组会议、阅读。

4.2.5　五层空间分析

建筑的五层（图 4-2-16）A 区主要是专业教室和一个阳台；B 区是一个大的休息平台，平时也可以用作专业教室；C 区是研究生工作室。

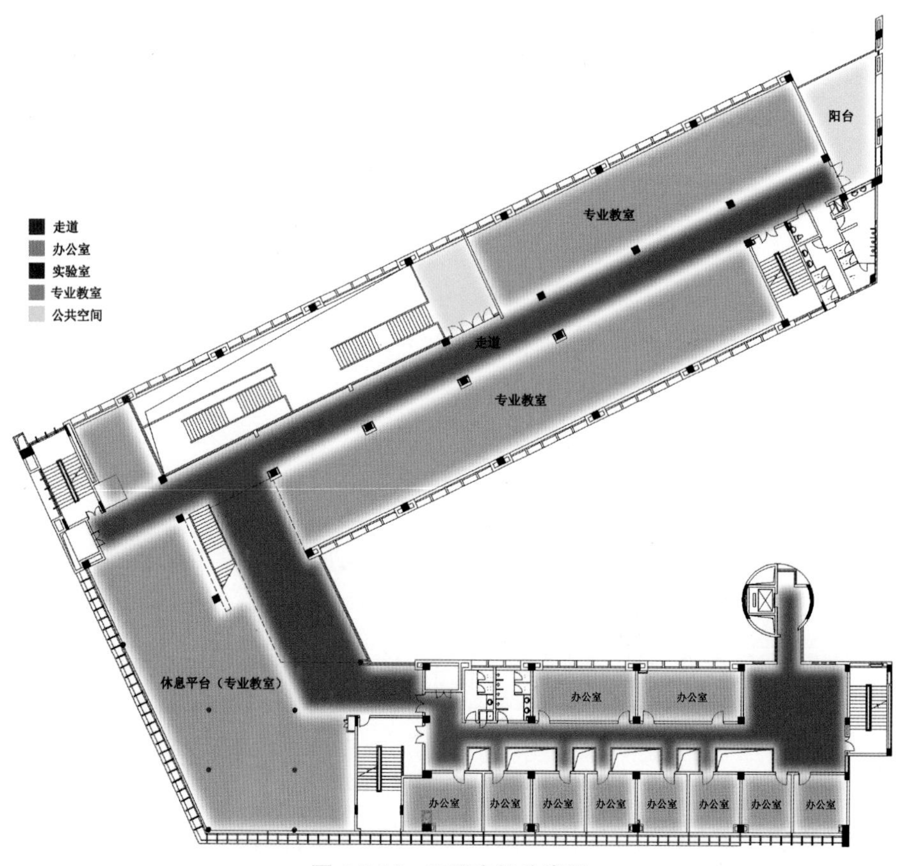

图 4-2-16　五层空间分类图

（1）五层现场调研分析

学院楼五层的空间功能和四层基本相同。最大的区别是，五层 B 区的休息平台是一个四面围合的空间，室内的空间设计比较人性化，桌椅的设置使该空间的使用率较四层空间提高很多。连通五、六层楼层的直跑楼梯的设计，既丰富了空间层次，又缩短了上下楼层的步行距离，还有效地增加了两层空间的视觉整合度（图 4-2-17）。

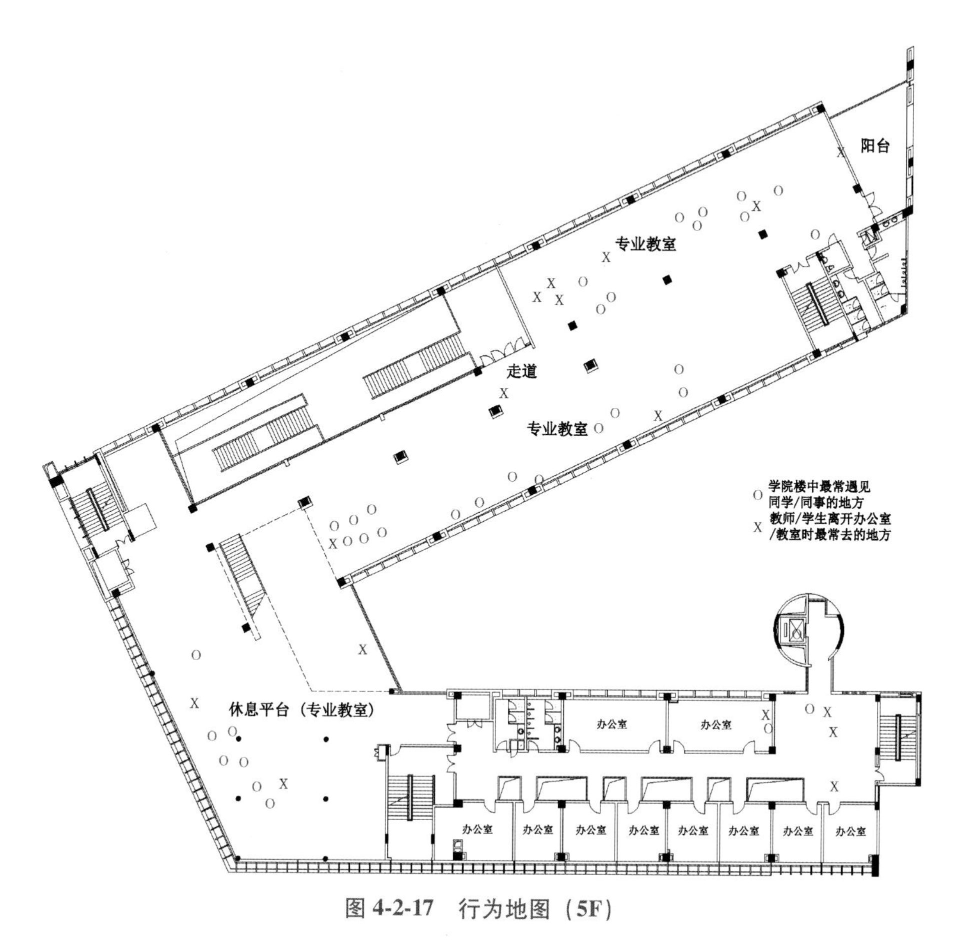

图 4-2-17　行为地图（5F）

C 区的办公室多用作研究生工作室，该层空间氛围较四层更有生气，并且走廊做了竖向空间的设计，既丰富了空间层次，又加强了与上下楼层间的联系。调研期间发现，学生还是比较喜欢依靠在栏杆扶手边交流的。专业教室的空间使用情况和四层的设计教室情况基本一致，都存在很大的问题，师生对该空间的反响也比较强烈。

在采用行为抽样法和行为地图法标记的同时，我们还对空间使用者进行了调查。主要是针对某些使用频率较高的空间，以随机无限制访问的形式，向空间使用者了解他们喜欢使用该空间的原因，一般在此做什么，以及他们认为该空间还有哪些不足。同时，也会针对一些空间使用率很低的空间，了解这些空间不被经常使用的原因。这里的无限制访问主要体现在，使用者对空间感知的所有方面都可以作为回答。

图 4-2-18 中，红色文字是空间使用者对空间环境的感知情况，蓝色文字是空间使用者使用空间的目的。

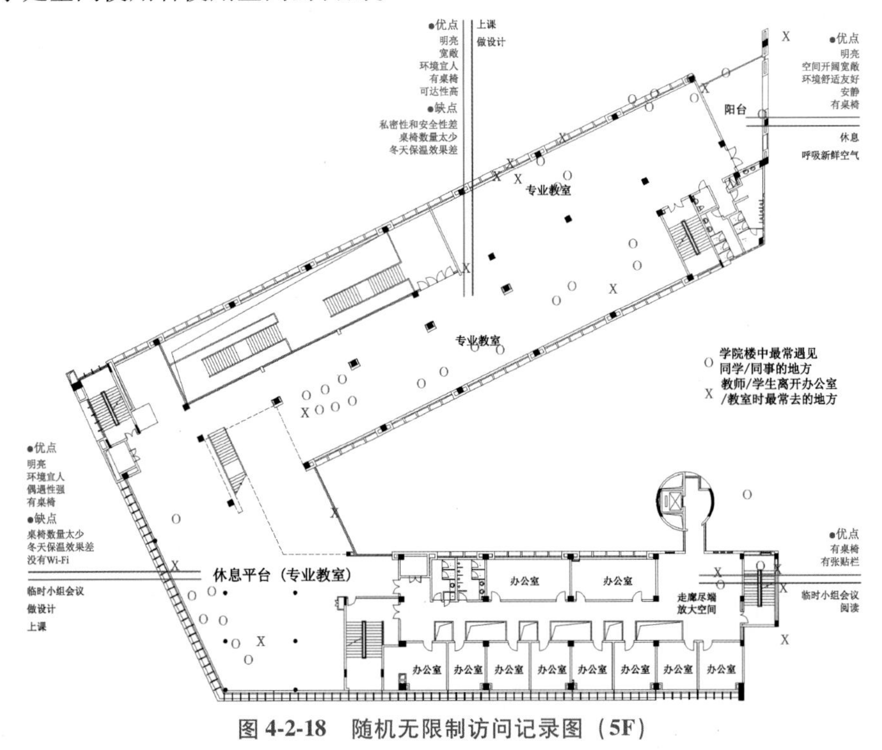

图 4-2-18　随机无限制访问记录图（5F）

（2）五层空间环境总结

专业教室——优点：明亮、宽敞、环境宜人、有桌椅、可达性高。缺点：私密性和安全性差、桌椅数量太少、冬天保温效果差。目的：上课、做设计。

阳台——优点：明亮、空间开阔宽敞、环境舒适友好、安静、有桌椅。目的：休息、呼吸新鲜空气。

B 区休息平台（专业教室）——优点：明亮、环境宜人、偶遇性强、有桌椅。缺点：座椅数量太少、冬天保温效果差、没有 Wi-Fi。目的：临时小组会议、做设计、上课。

C 区走廊尽端放大空间——优点：有桌椅、有张贴栏。目的：临时小组会议、阅读。

4.2.6 六层空间分析

建筑的六层（图 4-2-19）A 区包括八个美术教室和一个露台；B 区是美术教室；C 区是办公室。

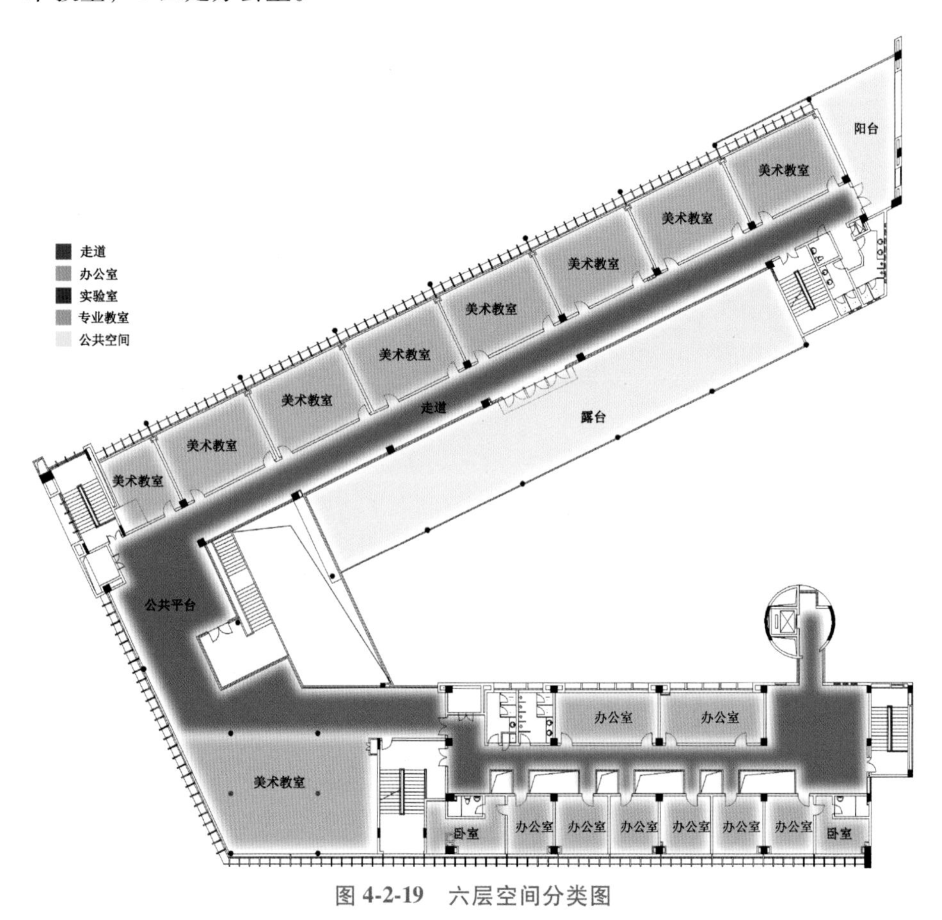

图 4-2-19　六层空间分类图

图 4-2-20 中 A 区的八个美术教室作为凸空间与走道直接相连。美术教室均是相对独立的固定空间，位于走廊的北侧，属于北向间接采光，采用了结合天窗采光的方法，这样的处理手法完全满足美术教室功能空间要求。走廊由于其南侧做了一个大的露台，因此是一个半开敞空间，有相对开阔的视野、充足的阳光，可以呼吸新鲜的空气。露台是一个完全开敞的自由空间，虽然没有良好的景观，但有灿烂的阳光，在无风的冬日里算得上是一个很“奢侈”的空间场所。

B 区的公共平台与 A 区的走道直接连通，形成一个流动性空间。竖向空间的设计、美术教室的划分，使该处空间显得比较局促，因此多用作交通空间。

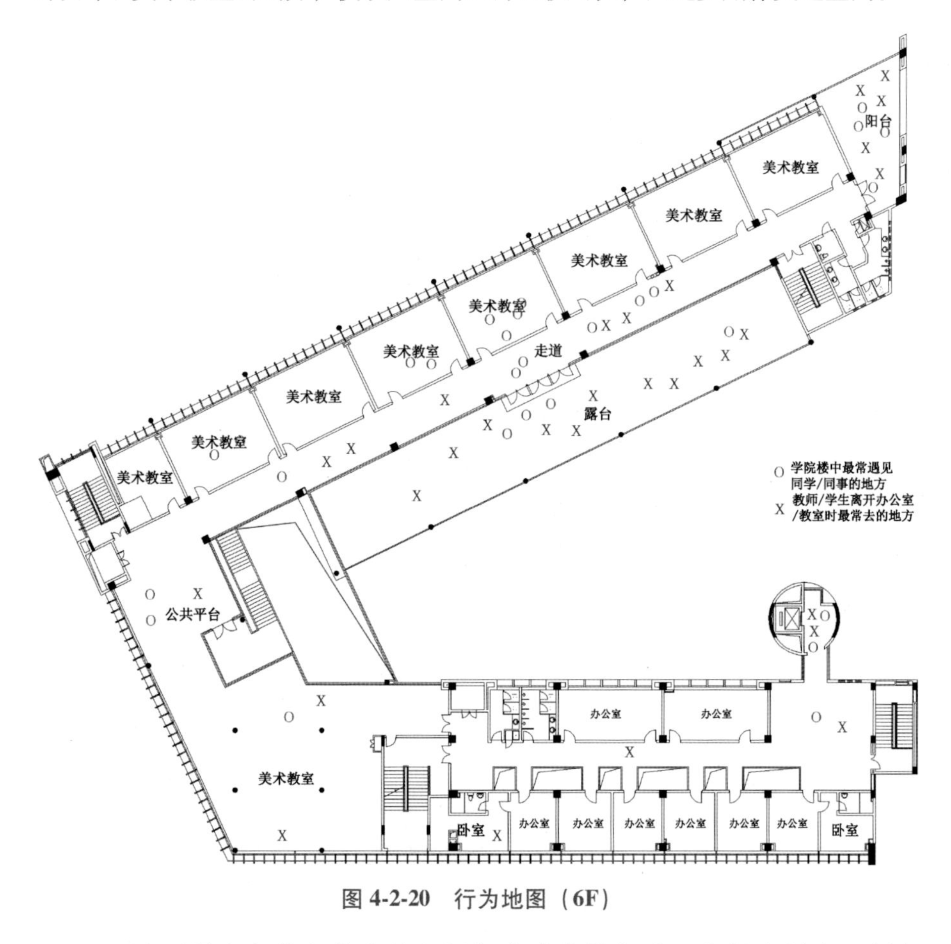

图 4-2-20　行为地图（6F）

C 区主要是由办公室作为凸空间与走道直接相连。空间布局和五层相似，唯一的特点是六层走道结合天窗采光，光影效果独特，在太阳高度角较大的季节，阳光可以通过走廊的竖向空间贯穿三层空间，增强了建筑的人性化设计。

（1）六层现场调研分析

六层主要以封闭空间为主，整层空间采光好、视野好、人流量小，环境相对安静。美术教室除满足日常上课需求外，还是师生见面、聊天的首选场所。最东边的阳台，阳光充足，北面视野好，可以远眺云龙湖、云龙山风景区，并且该空间为半封闭空间，给人以极好的私密感。走道也是学生们见面、约会的重要去处，该走道相对于其他楼层来说较独特，虽然比较狭窄，但由于一侧通透，并不会产生压抑的感觉，是个较为舒适的空间。该层由于面对的人群比较固定，因此利用率不高。露台因其安静、避风、视野开阔，在有阳光的冬日是个很好的去处。

在采用行为抽样法和行为地图法标记的同时，我们还对空间使用者进行了调查。主要是针对某些使用频率较高的空间，以随机无限制访问的形式，向空间使用者了解他们喜欢使用该空间的原因，一般在此做什么，以及他们认为该空间还有哪些不足。同时，也会针对一些空间使用率很低的空间，了解其不被经常使用的原因。这里的无限制访问主要体现在，使用者对空间感知的所有方面都可以作为回答。

图 4-2-21 中，红色文字是空间使用者对空间环境的感知情况，蓝色文字是空间使用者使用空间的目的。

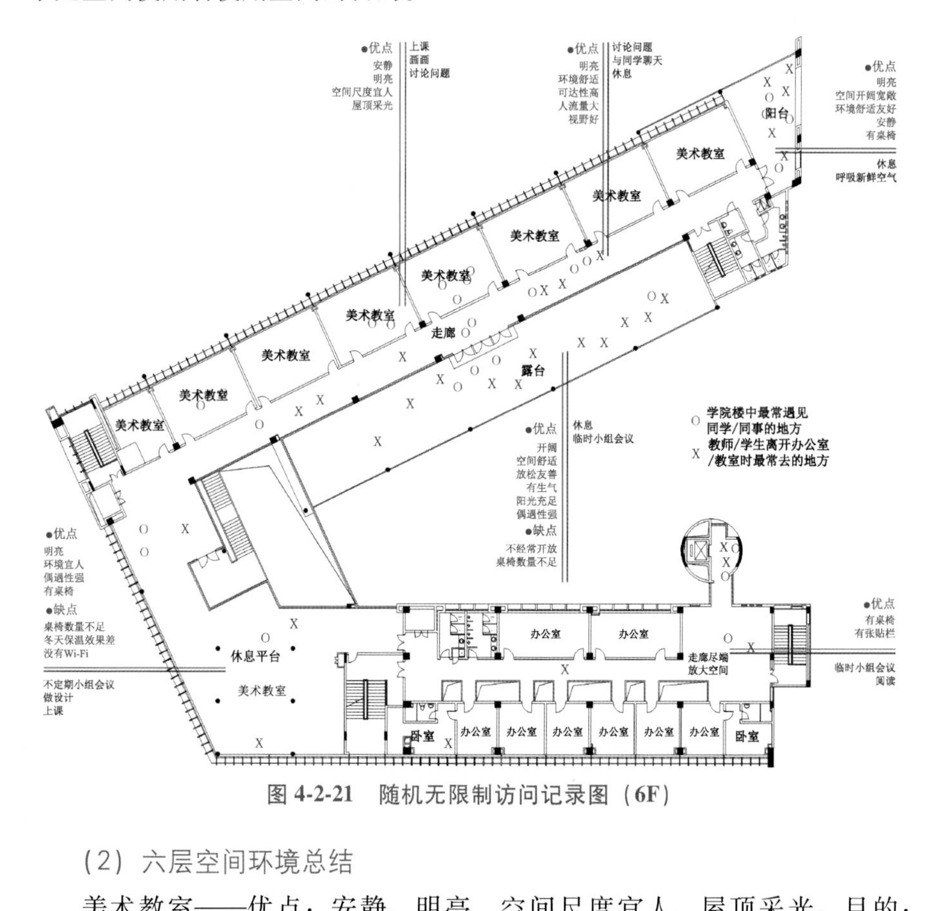

图 4-2-21 随机无限制访问记录图（6F）

(2) 六层空间环境总结

美术教室——优点：安静、明亮、空间尺度宜人、屋顶采光。目的：

上课、画画、讨论问题。

A 区走廊——优点：明亮、环境舒适、可达性高、人流量大、视野好。目的：讨论问题、与同学聊天、休息。

阳台——优点：明亮、空间开阔宽敞、环境舒适友好、安静、有桌椅。目的：休息、呼吸新鲜空气。

露台——优点：开阔、空间舒适、放松友善、有生气、阳光充足、偶遇性强。缺点：不经常开放、桌椅数量不足。目的：休息、临时小组会议。

B 区休息平台——优点：明亮、环境宜人、偶遇性强、有桌椅。缺点：桌椅数量不足、冬天保温效果差、没有 Wi-Fi。目的：临时小组会议、做设计、上课。

C 区走廊尽端放大空间——优点：有桌椅、有张贴栏。目的：临时小组会议、阅读。

4.3 优化设计

通过调研发现，师生反映最强烈的就是学院楼第四层和第五层楼的专业教室的设计问题。该空间在设计时采用了完全开放的空间形式，虽然设计初衷是为了创造更多的师生间的偶遇机会，进而激发更多的随意性交流，但它的开放性导致该空间的使用率降低；另外，还存在财产安全问题、私密性问题、设计专业学生对安静学习环境的需求问题，以及室内空间舒适度等问题。总体来说，该设计手法弊大于利。

基于上述问题，我们对这两层进行了优化设计（图 4-3-1、图 4-3-2），将完全开放的设计教室与走廊等交通空间用墙分隔开来，墙上开设门洞和竖向落地窗，这样各个教室的财产安全问题、私密性问题、设计学生对安静学习环境的需求问题就都得到了有效的解决。在隔墙上开设竖向落地窗，可以提高走廊空间的采光度，提升走廊的空间质量，同时也可以提高走廊与设计教室之间的可见度，为走廊空间人群与设计教室内人群创造更多的交流机会，有利于激发更多的人与人之间的随意性交流。

徐州地处江苏北部，冬季比较寒冷，考虑到每个设计教室内都有暖气散热片（走廊里没有），采取将教室和走廊空间进行分隔的措施可以起到保温的作用，能够有效地提升室内空间环境的舒适度。

那么，现在的问题是，对走廊空间与设计教室部分进行分隔设计，虽然隔墙上的竖向落地窗的设计可以在一定程度上提高走廊和设计教室之间的可见度，但隔墙的设计却增加了两部分空间的步行距离，从这个角度来说隔墙的设置是不利于促进随意性交流的。基于这个问题，我们又采取了多个设计教室合一的组合形式，这样就加强了班级之间的信息交流。

一方面，“三室合一”的大教室可以作为景观设计各班合用的专业教室，同一专业的学生共用一个大教室，有利于教师辅导学生、学生之间讨论学习问题以及促进师生间的交流。另一方面，由于专业一样，因此在学习过程中学生所使用的工具和书籍等都是可以共享的，有利于提升学生的专业知识水平。

因此，这种既分又合（“分”是指走廊和设计教室的分隔；“合”是指相同专业的设计教室的合并）的改造方案还是比较适宜的。

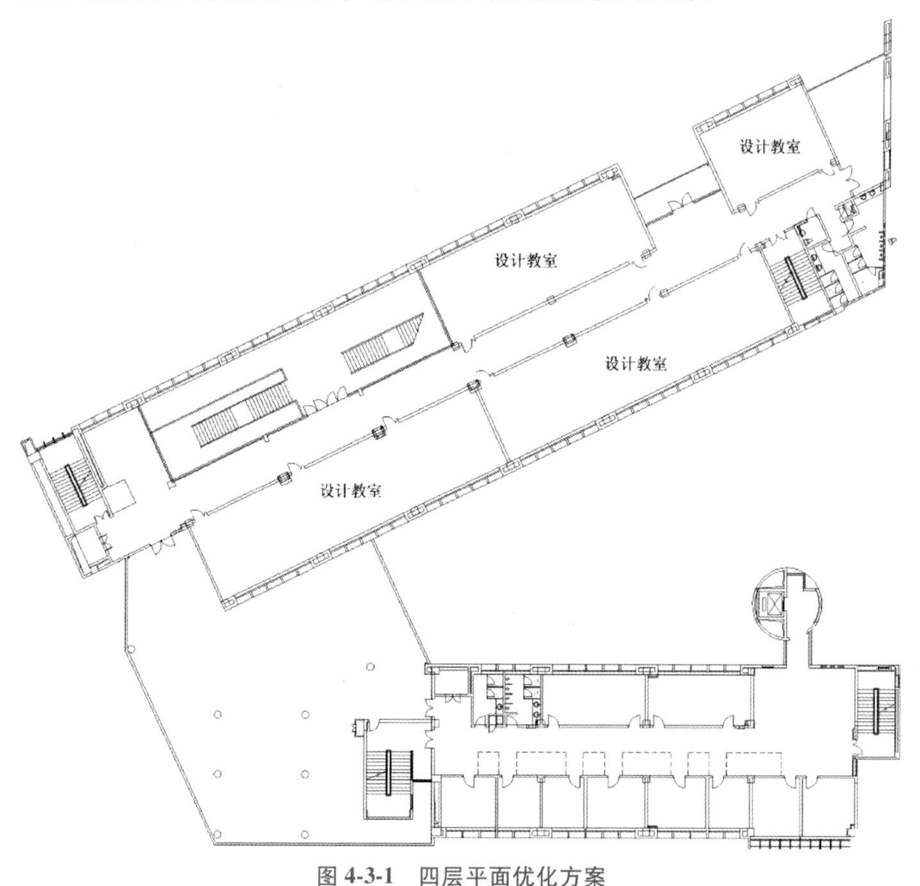

图 4-3-1　四层平面优化方案

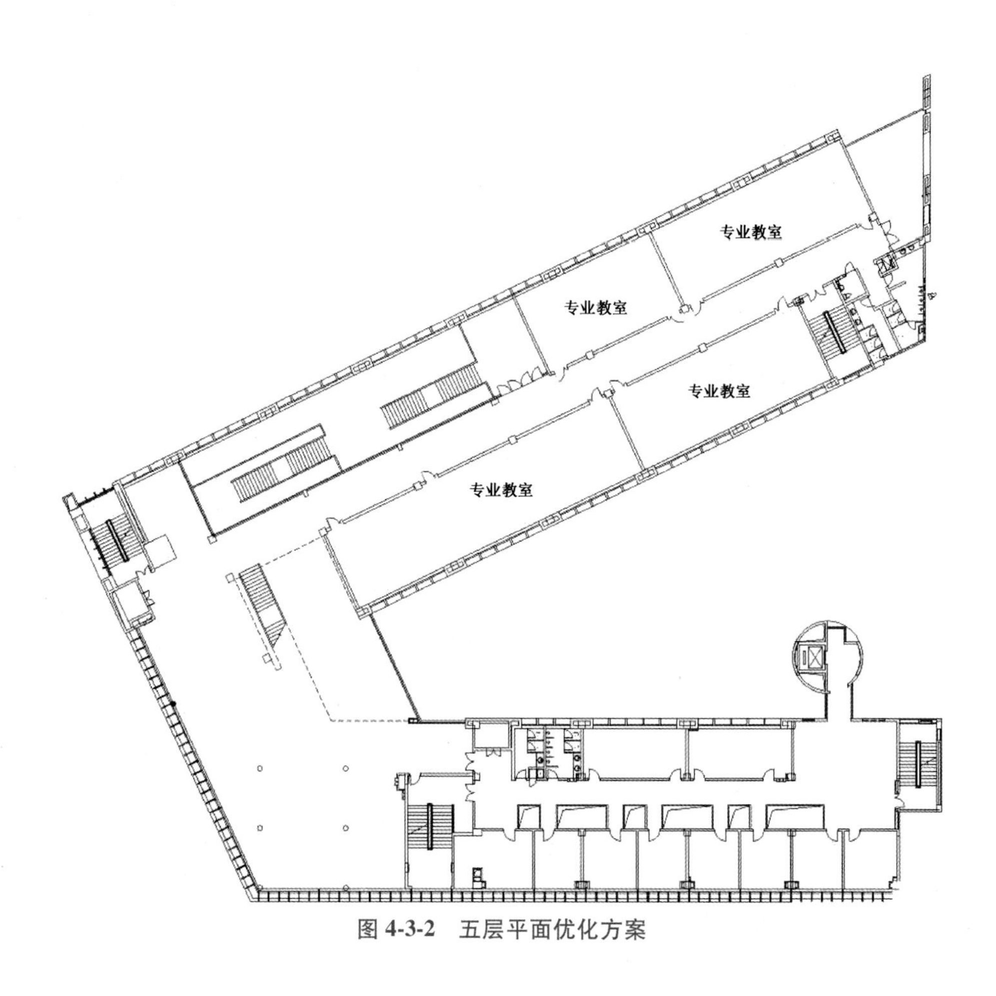

图 4-3-2　五层平面优化方案

4.4　本章小结

本章通过对建筑与设计学院教学楼的使用情况进行调研分析，发现在该教学楼内师生间的随意性交流主要发生在门厅、走廊、休息区等一些公共空间，即第 1 章中所提到的交互空间。这些交互空间不是相互独立的单个空间，而是由多种空间形态、多种类型的空间共同组成的。一般包括中厅、门厅，以及贯穿整个建筑的交通空间等，这些空间多是开敞空间，没有明确的界线，空间的中心会随着交往活动中心的转移而转移。

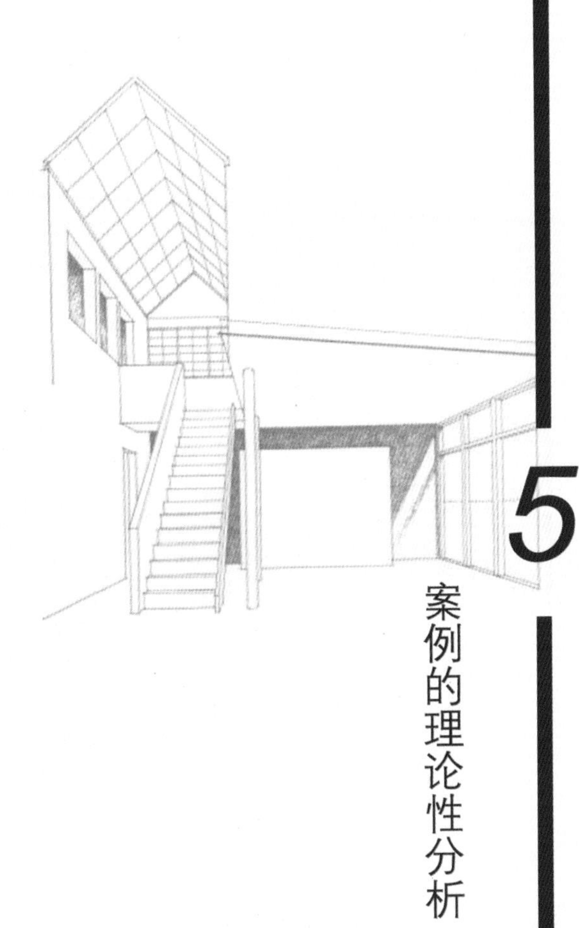

5 案例的理论性分析

5.1 基于环境心理学理论的分析

空间句法理论的分析原理仅适用于分析平面空间，具有一定的局限性：一是空间句法无法分析竖向空间部分的楼层间的视觉整合度等问题；二是空间句法基于行为心理学理论，无法分析室内凸空间（如个人空间）领域、潜在空间因素等问题，以及一些主观方面的问题。因此，考虑到研究成果的全面性，对该教学楼空间进行基于环境心理学的理论分析很有必要。

5.1.1 人的行为心理与大学教学空间环境

(1) 边界效应

人的主要视力范围主要集中在身体的前面，因此后背是人体最没有安全感的部位。这种安全感的缺失在空间环境中的直接反应就是：人总是喜欢逗留在建筑空间的实墙边、角落里或一些凹进去的小空间。德克·德·琼治①称之为人的边界效应。走廊的凹空间、柱子下、窗子旁或栏杆扶手边都是人们比较喜欢停留的地方，因为这类空间可以给人安全感，在获得良好的视野的同时，又不会将自己暴露在众目睽睽之下。(图 5-1-1)

图 5-1-1 建筑与设计学院楼某空间边界

(2) 尽端趋向

处在社会关系中的人，在最基本的安全感得到满足同时，还会有个人私密性的需求，希望拥有独立的个人空间。当然这个私密性的尺度会随着

① 德克·德·琼治（Derk de Jonge），社会心理学家、环境心理学家。

空间场所的不同而改变。例如，在小区内，室外空间都是公共活动区域，个人的居室则是私密空间。又或者，在一个大的公共空间中，人们会尽量占据一些尽端空间或更靠里边的位置，这就是所谓的尽端趋向。（图 5-1-2）

图 5-1-2　建筑与设计学院楼二层某角落

（3）人对空间质量的需求

人对空间质量的需求主要包括舒适感、方向感、公共性和私密性等方面。一个空间，特别是交互空间的设计应满足使用者多样性的心理需求，只有这样才能激发更多的随意性交流。

5.1.2　大学教学建筑空间环境对人的行为心理的影响

（1）空间形式与人的行为心理

不同类型的空间环境能满足师生不同的空间行为需求。空间行为是人们受到不同的空间环境刺激所本能产生的一种心理或生理行为反应。人通过行为来接近空间环境，然后通过身心去感知环境所传达的信息，进而决定采用何种行为方式。空间环境不仅为空间个体行为的产生提供信息基础，还为空间个体行为提供场所。空间环境的这种潜意识作用时刻影响空间个体在空间中的行为。同时，空间个体又创造了空间，并根据特定的目的去设计它。人的空间行为都具有一定的目的性和选择性，人们会有目的地去使用一些适合自己的空间，并且在使用时会选择适合自己的空间场所。他们会潜意识地接受一些空间环境给予的信息，然后有意识地确定适合自己的空间环境。大学教学建筑内的空间个体主体性强，对空间环境有着强烈的改造欲望，有多样性的内在需求，并在外部空间环境的影响下产生不同的空间行为。

通过第4章的调研结果分析，我们可以发现，大学教学建筑内部的师生的随意性交流主要发生在一些交互空间内，主要包括厅空间、廊空间和一些特定的休息空间。下面我们将从环境心理学的角度分别分析这些交互空间对空间个体行为的影响。

① 厅空间。厅空间按其功能和在建筑中所处的位置可以分为门厅、过厅、中庭和边庭等。该案例中主要为门厅和过厅。

门厅是一栋建筑由室外到室内的一个过渡空间（图5-1-3）。其基本功能是解决空间使用者的通行、停留、疏散等问题，以保证建筑内教学工作正常进行。大学教学建筑的性质决定了建筑中的人流在不同的时间段分布不均的特点，因此，它所承担的空间任务不仅仅是解决简单的交通、人流问题，更被赋予了交互空间的含义。门厅作为一个开放性空间，既是人进入空间的必经之路，又是人进入建筑的心理过渡空间，还是一个建筑的门面，是一种礼仪的象征。它不仅给予该建筑空间使用者心理上的归属感，还可以增强使用者的主人翁意识和集体主义精神。建筑入口空间的设置对整个校园的开放空间而言，具有明显的边界性，给人以领域感。

过厅，一般指建筑内部空间转换或过渡的节点空间，如连接A、C区的过厅（图5-1-4）。过厅主要起引导和疏散人流的作用，同时还承载着其他功能，如展览、休息等，是随意性交流频发的场所。这种空间相对开敞、自由，没有固定的交通区域，人在其中可以自由选择行走路线，这充分地迎合了空间个体的主人翁心理及“抄近路”心理，同时也满足了人们对公共性的需求。人们会将这种厅空间视为一条近路或赏心悦目的穿行空间。

图5-1-3　建筑与设计学院楼门厅

图5-1-4　建筑与设计学院楼二层过厅

② 廊空间。廊空间指在建筑中，形态上趋于窄长，功能上侧重于交通疏散的交互空间。在传统的大学教学建筑中，廊空间仅作为基本的交通空

间。而在本案例中，廊空间在满足交通疏散和引导方向的要求的同时，还具有场所效应。它在设计手法上采用了局部加宽，或竖向空间的设计（图 5-1-5），师生除了匆匆路过之外，还可以选择在此停留或休息等，甚至进行一些其他的活动。同时，该空间还能满足“人看人”的心理需求。

③ 特定的休息空间。在本案例中，特定的休息空间主要指咖啡厅、资料阅览室、休息平台等。这些空间以人性化的设计营造了轻松舒适的氛围，多采用大面积的玻璃幕墙，使室内外空间元素互相渗透融合，不仅满足了师生课外交流休息的需求，还满足了人们对多样性活动的心理需求（图 5-1-6）。

图 5-1-5　建筑与设计学院楼三层廊空间

图 5-1-6　建筑与设计学院楼咖啡厅

（2）空间开放程度与人的行为心理

建筑空间的开放程度是层层递进的，了解空间的开放程度与人的空间行为之间的关系，对掌握空间个体对使用空间的心理需求有重要的意义，前面已经详细地论述过人们的行为对距离的要求。

① 个人空间与半开敞空间。奥登（Auden）曾在《序：建筑的诞生》一书中写道：在我身体前面距我鼻尖 30 英寸以内的距离都是属于我的个人空间，除非你和我关系非同一般，否则，请你务必小心，不要跨越这个界限。不然，我虽不会用枪指着你，但我会蔑视你。心理学研究表明，个人空间就像一个气泡围绕着人的身体，会随着人的移动而移动，并且它的尺寸会随着不同的空间环境和人的情绪发生变化。个人空间正是私密性的反应，只有在和谐、安静、封闭性、围合度、安全性以及空间的尺度都合适的空间中，空间使用者才有很强的领域性和对空间环境的控制欲，这种控制欲也正是主人翁心理的体现。例如，本案例中的一些走廊的尽端空间、凹空间，开敞空间的拐角部分，大尺度空间的边缘地带等（图 5-1-7）。

② 开放空间。任何使人感到舒适、具有自然的凭靠，并可以使人看到

更广阔空间的地方，均可以称之为开放空间。开放空间一方面强调封闭性小，另一方面也说明它是服务于多数人的空间，是人和人之间进行随意性交流的重要场所。例如 B 区的露台（图 5-1-8），它适宜的尺度、比例，无限向上的空间，能使师生胸怀开阔、精神愉悦、身心自由。

图 5-1-7　走廊放大空间

图 5-1-8　开敞的露台

（3）空间的细部处理与人的行为心理

① 材质的使用。一个舒适的、人性化的空间环境能使人愉悦轻松，地面、墙面是空间的重要界面，其颜色是空间使用者对空间环境最直观的感知。对于教学建筑而言，白色的墙面给人整洁、平静的感觉，可以有效地增加建筑内的亮度；深灰色的水磨石地面则增加了空间的延伸感，但在寒冷的冬天会使人感觉更加寒冷，特别是在建筑的背阴面。环境心理学的研究表明，在寒冷的条件下，人更容易缺乏安全感。虽然暖色调可以拉近空间距离，但鲜艳的颜色使用过多，也会使人产生视觉疲劳，心情烦躁。因此，可在建筑的局部空间使用一些颜色鲜艳的装饰物作点缀，如艺术品、家具等。

除此之外，环境空间的材质选择，其质感和肌理也可以刺激人的触觉和视觉，从而影响人的心理感受。如木材的质感比石材柔软，能够给人一种亲近自然的感觉，使人心理上比较放松（图 5-1-9）；而玻璃地面易让人产生不安全感，只能局部使用以调节氛围。

图 5-1-9　木材质墙面

② 照明的设计。灯光的设计除了要满足空间照明的需求外，还要营造

一种舒适、温馨的氛围。耀眼的白炽灯会让人烦躁不安，缺少安全感；而太过昏暗的灯光又会使人情绪低落，没有激情。

③ 家具的摆设。大学教学建筑中的家具摆设主要是指桌椅、板凳的设置。有无桌椅、桌椅的舒适度、桌椅的摆放方式等，都是空间使用者在选择停留或休息时优先考虑的因素，虽然它们也许只是潜意识里的。设计一个好的空间环境，特别是交互空间，设计师应当为人们休息、交流、安坐等空间行为做出适当的安排（图 5-1-10）。本案例的研究发现，该教学楼中的交互空间连基础的公共设施，如桌椅的设置等都没有安排到位，更别提舒适度了。

图 5-1-10　舒适的家具

④ 采光的设计。建筑采光的方式有直接采光和间接采光。自然光线的引入可以有效地提升空间环境的质量，室内光影婆娑，日动影移，变幻莫测（图 5-1-11、图 5-1-12）。

图 5-1-11　光影效果

图 5-1-12　自然采光

5.1.3　优化方案的环境心理学分析

如图 4-3-1、图 4-3-2 所示，对设计教室与走廊空间进行分离设计，这样正满足了人们对空间的领域性的心理需求。研究表明，人们对领域的依附会随着年龄的增长而加强，如大学校园里的大学生对自己班级或本专业的区域领域性意识较强。领域性还可以使人传递和控制个人认同的感受，例如领域的占有者会使用特殊的方式使自己这个群体的领域空间具有特殊性和唯一性，以此来肯定自己这个群体在社会中的地位和身份，这一点也正迎合了学习设计专业的学生的心理，专业的特殊性造就了他们追求新颖、唯一、原创的思维模式，并将这些思维模式应用到他们的生活和学习中去。多教室合一的设计，使这群追求个性，有共同理想、目标和专业背景的年轻人有了共同的话题，可以进行信息的交流、共享等，这也正体现了促进随意性交流的主题。

相对封闭、固定的空间环境可以满足学生对能保护财产安全、具有私密性且安静的学习环境的心理需求。因此，基于环境心理学理论的分析，该优化设计的方案是具有一定可行性的。

5.2 基于空间句法理论的分析

本节将以空间句法理论，分别解析建筑与设计学院每个楼层的空间组织体系。首先，根据每层楼面空间中空间的功能，以及各个功能空间的组合形式，绘出它们的空间关系渗透图，接着通过简单的计算求出空间整合度最高的空间组构 J 形图。其次，根据空间句法分析技术，分别以最长动线和空间视觉整合度为基本要素，对该教学楼的每层平面进行空间句法图形识别和分解，求出各层的最长动线图、空间视觉整合度图及相应量化数据。最后，结合上述结论对每层空间进行分析讨论。

5.2.1 空间视觉整合度分析

空间句法的分析技术不仅可以很直观地表达空间的一些根本的和规律化的属性，还可以显示人类对空间的认知是基于这些法则的，并且这种理解是通过人们对空间的实际操作获得的①。

（1）一层平面

设计与艺术学院楼的一层空间在建设初期并不是我们现在看到和分析的这样。建设初期，一层 A 区主入口的门厅是一个大空间，可以兼作展厅；B 区是一个大的底层架空的公共活动平台，可以算作室外空间，因为该部分与建筑的内部空间并不直接连通，只是从室外到室内的一个过渡地段。这

① 段进，比尔·希利尔，邵润青，等．空间研究 3：空间句法与城市规划［M］．南京：东南大学出版社，2007：21.

样的空间布局使得 A、C 区过于分离，即两部分的连通仅通过一个半室外的开敞空间，两者的联系相对没有那么紧密，在使用过程中很不方便。因此，学院于 2010 年对该部分空间进行了改造处理（如图 5-2-6）。

下面先对该空间的改造是否合理作分析和比较。

针对这个问题，我们就不得不提“弗雷德效应”（图 5-2-1）：房间里一群成年人坐在扶手椅上，两岁的弗雷德拿着两个被重物坠着的氢气球走进房间，气球的高度正好和坐着的成年人的头部同高。他调皮地把氢气球放到了那些扶手椅所围合的空间的中心位置。一两分钟后，一个成年人以为弗雷德已经对气球失去了兴趣，于是把气球由中心位置移到了边缘，没想到，弗雷德把气球重新放到了几个成年人的中心，这时大家才意识到这是怎么一回事。

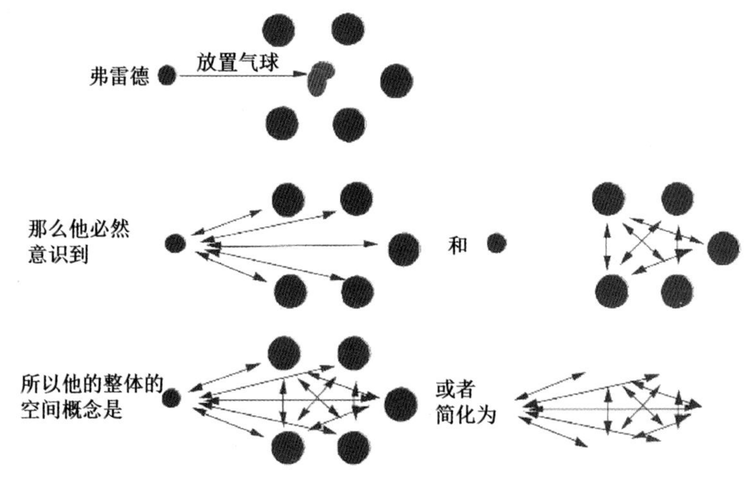

图 5-2-1 弗雷德的空间认知图示

图片来源：段进，比尔·希利尔，邵润青，等．空间研究 3：空间句法与城市规划［M］．南京：东南大学出版社，2007.

两岁的弗雷德知道把一个物体放在空间的中心位置，对所有点到其他点的阻碍是最大的，他只是想通过这种方式引起成年人对他的注意，因为只有这样，成年人才会注意到他的存在并和他产生交流。

从“弗雷德效应”可以看出，人对空间的认识从幼年时期就开始了。这也显示了人对空间认知的三种属性：首先，人对空间的理解力是构形的，这表现的是一种模式，而不是纯粹简单的一个物体。其次，这种理解是基于两个中心的，即他人中心和自我中心，即空间个体既了解他人对空间的认知情况，也清楚自己与他人的关系。最后，这是一种基于数学法则的空间认知，即将一个物体从边缘移到中心位置，不仅减弱了所有点与其他点的相互可见性，还增加了所有点到其他点的总距离。

紧接着我们根据空间构形的关系来分析空间的相互可见性。假设我们要将一个长方形的空间分隔成两个空间，无论我们把分隔放置在哪里，这个空间的总面积不变，也许你会认为能互相可见的人数也是不变的。通过科学的分析，结果表明，在把隔断从中间移向边缘的过程中，互相可见的人数是增加的（图 5-2-2）。因为在一个空间场所中，互相可见的人数的总和是人数的平方，即 N 个人能看到 N 个其他人人数的总和应该是人数的平方。当隔断设置在中间位置时，这个总数就是总人数平方的 2 倍。当隔断往边缘移动一步时，就是一个大一点数字的平方和一个小一点数字的平方和。因此，当分隔由中间位置向边缘移动时，通过数学计算可知，互相可见人数的总和是逐渐减少的，即 $(N-1)^2+(N+1)^2<(N-2)^2+(N+2)^2$。就像一长一短两条线看起来要比两条等分的线长，一个大空间和一个小空间看起来要比两个一样大的空间大。这也是为什么当障碍物从中心位置移向边缘时，空间的视觉整合度会增强（图 5-2-3）。同样的，在一个连续空间中，如果把障碍物进行拉伸，那么空间中的相互可见性就会降低，所有点到其他点的距离之和也会随之增大（图 5-2-4）。

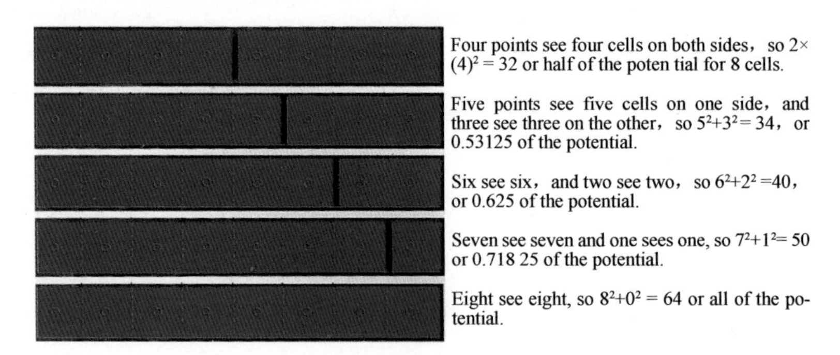

图 5-2-2　对长方形空间的分割与相互可见性

图片来源：段进，比尔·希利尔，邵润青，等．空间研究 3：空间句法与城市规划［M］．南京：东南大学出版社，2007.

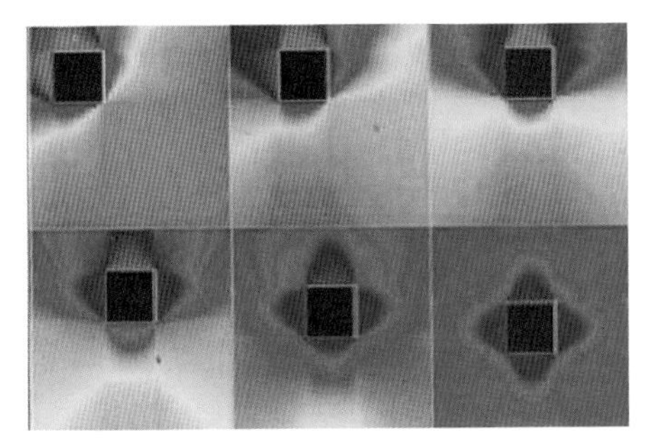

图 5-2-3　把同一个障碍物由边缘向中心移动，相互可见性会降低

图片来源：段进，比尔·希利尔，邵润青，等．空间研究 3：空间句法与城市规划［M］．南京：东南大学出版社，2007.

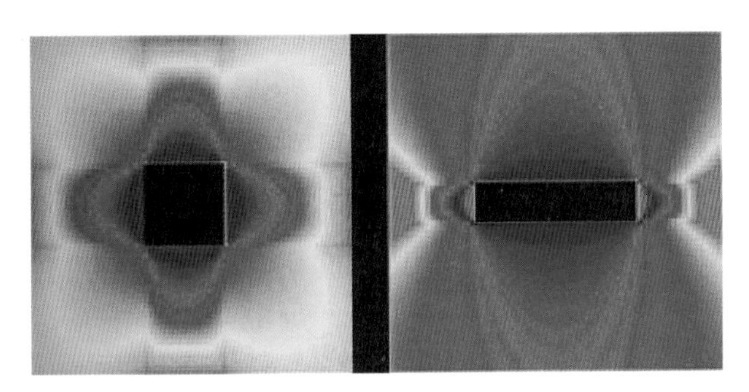

图 5-2-4　相同面积的正方形的相互可见性要强于长方形

图片来源：段进，比尔·希利尔，邵润青，等．空间研究 3：空间句法与城市规划［M］．南京：东南大学出版社，2007.

该理论同样适用于物理距离的计算，即总的旅程长度也会随着障碍物由中心向边缘移动而缩短。一般情况下，我们又把整合度应用于空间距离，以此来计算平均旅程长度，并把这种计算称为“普遍距离”。

下面我们利用空间句法理论，分别对本案例改造前和改造后的一层平面空间进行分析。本案例一层空间的改造，就是把展厅和公共活动平台之间的隔断拆除，并把整个公共活动平台部分围合进来，这样不仅有效地增大了展厅（门厅）空间的面积，还为音乐系学生提供了一处练琴的好处所（音乐系教室）。如果把改造后的展厅作为一个连续空间，把原来展厅与公共活动平台间的隔墙作为一个拉伸后的障碍物，那么这个改造过程就是把一个拉伸后的障碍物从一个连续空间的中心移向边缘的过程。在这个过程中，系统中的相互可见性是提高的，同时也意味着平均旅程缩短了。

根据空间句法理论，分别对改造前后的一层平面进行视觉整合度的分析比较，如图 5-2-5 和图 5-2-6 所示。

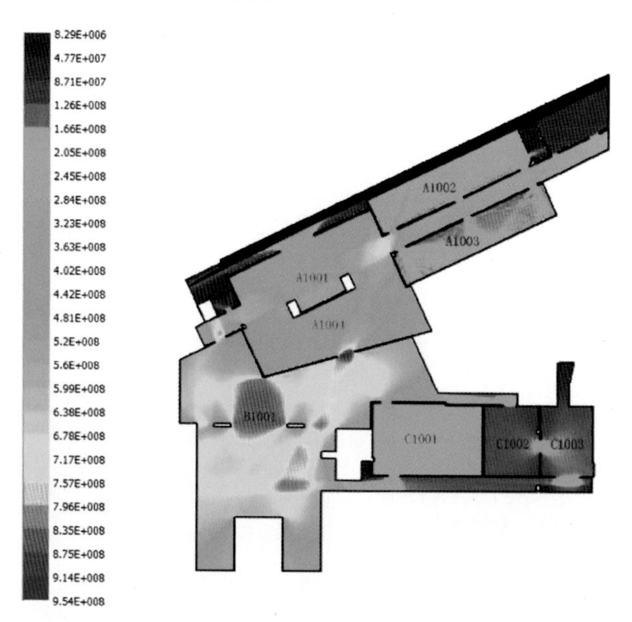

图 5-2-5　一层视觉整合度图（改造前）

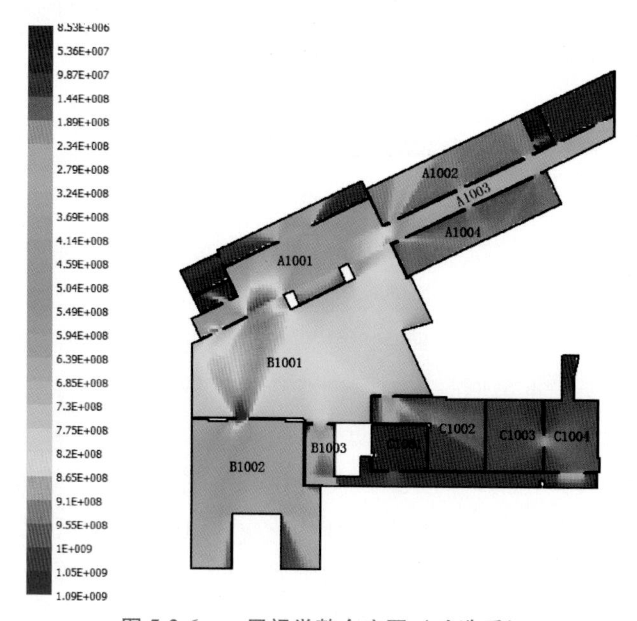

图 5-2-6　一层视觉整合度图（改造后）

图中从红色到蓝色，代表的是相互可见性的程度，也就是视觉整合度。颜色越接近红色或是红色，说明该空间区域的视觉整合度越高，相互可见性的程度也就越高，该连续空间的“普遍距离”就越短；相反，颜色越接近蓝色或是蓝色，说明该空间区域的视觉整合度越低，即相互可见性的程度也就越低，该连续空间的“普遍距离”就越长。在计算空间的视觉整合度值时，由于家具的高度都在人的视平线以下，不会影响空间的视觉整合度，因此忽略不计。

改造前，整合度高的凸空间主要集中在底层架空的室外公共平台B1001，作为核心空间的展厅A1001和门厅A1004，它的视觉整合度相对较弱，并且A、C区过于分离，连通性不强，空间可达性较低，如图5-2-5所示。同时，开敞的公共活动平台，由于过于空旷，空间环境缺少必要的人性化设计，使用率太低，造成了空间的浪费。

改造后，展厅和一层的交通空间相结合形成了一个开敞的流动性空间，为师生提供了一处形式自由的交互场所。这不仅扩大了展厅空间，还增加了建筑的可用面积，也加强了A、C区的空间联系，使整个楼的空间系统更趋于完善。调研结果表明，改造后的资料阅览室和咖啡厅的使用率有了明显的提高。如图5-2-6所示，改造后的展厅B1001是平均视觉整合度最高的区域，是整个一层平面的核心空间。同时，门厅的相互可见性也有了相应的提高。

从空间句法理论分析的角度而言，该部分的改造还是比较成功的。

（2）二层平面

二层平面是一个空间区域完整，且有明确边界的空间。根据空间句法理论，对二层平面进行视觉整合度的分析比较，并以颜色编码，如图5-2-7所示。在计算过程中，将那些低于人正常水平视线的家具等设施都排除在外，不做计算，因为它们不会对人的视域范围形成障碍。

图5-2-7中，若颜色越接近红色或是红色，说明它的视觉整合度就越高；相反，颜色越接近蓝色或是蓝色，则空间的视觉整合度就越低。通过空间句法软件对二层平面的分析可以看出，图中视觉整合度最高的区域是A区走廊与B区休息平台的连接处A2002，其次是A区临近休息平台区域的走廊空间A2001，然后是A2003、B2001、B2002，接着是A2004、C2001。以上这些空间整合度值相对较高，因为这些空间都直接与交通空间相连。

而办公室和实验室辅助用房由于空间过于封闭，并且面积相对较小，因此视觉整合度较低。B2003 由于处于整个休息平台的凹形空间内，其视觉整合度明显低于那些处于凸空间内的区域。

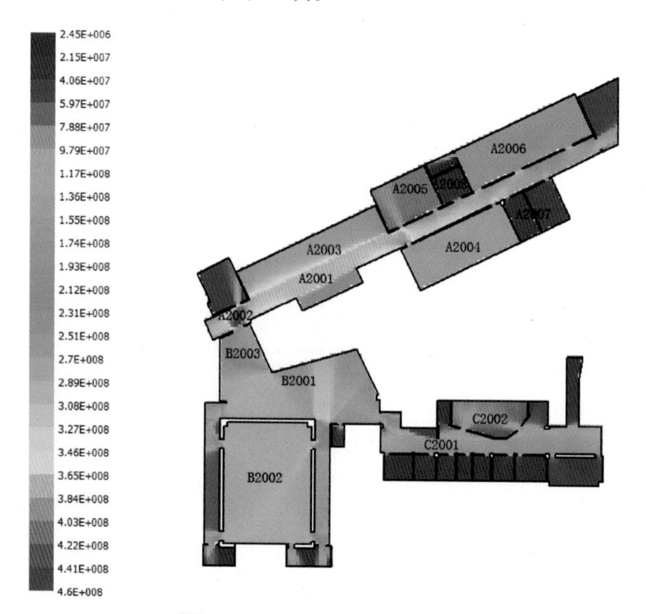

图 5-2-7　二层视觉整合度图

根据以上分析可知，A 区走廊与 B 区休息平台连接处 A2002 是平均整合度最高的区域，也是空间相互可见性相对较高的地方。对于整个平面空间而言，A2002 是该层的核心空间，具有较高的整合度值。

（3）三层平面

通过空间句法软件对三层平面的分析可以看出，图 5-2-8 中视觉整合度最高的区域是 A 区作为交通空间的走廊 A3001、A3003、A3008，其次是 B 区的休息平台区域 B3001，然后是 A3007、B3002、B3003，接着是 C3001。以上这些空间之所以有较高的整合度值，是因为这些空间都直接与交通空间相连。而办公室和一些面积相对较小的空间，由于过于封闭，视觉整合度较低。

通过以上分析可知，A 区走廊 A3001、A3003、A3008 是平均整合度最高的区域，也是空间相互可见性相对较高的地方。对于整个平面空间而言，A3001、A3003、A3008 是该层的核心空间，具有较高的整合度值。

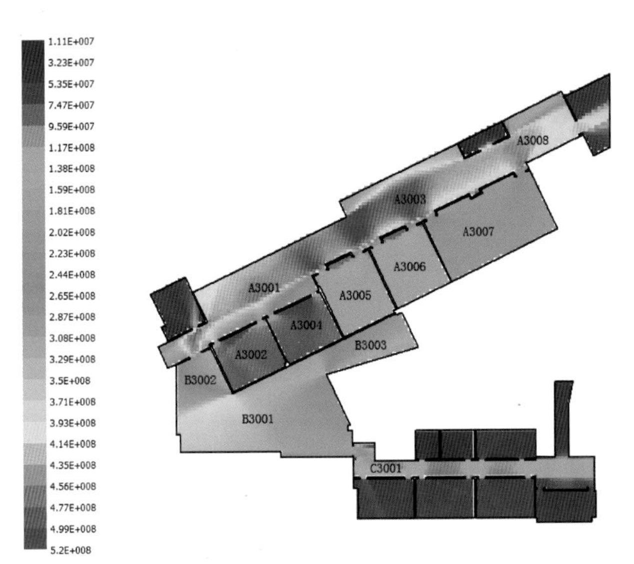

图 5-2-8　三层视觉整合度图

（4）四层平面

通过空间句法软件对四层平面的分析可以看出，图 5-2-9 中视觉整合度最高的区域是 A 区走廊与 B 区休息平台 B4001 的连接处 A4001，其次是 A 区的 A4002，然后是图中 B4001，接着是 A4003、A4008、A4006、A4007、A4009、C4001。以上这些空间都有相对较高的整合度值，因为这些空间都直接与交通空间或 B 区的休息平台直接相连。而办公室部分的空间由于过于封闭，并且面积相对较小，因此视觉整合度较低。A 区的阳台和直跑楼梯休息平台的部分空间为尽端空间，视觉整合度明显要低。

通过以上分析可知，B 区休息平台 B4001 是平均整合度最高的区域，也是空间相互可见性相对较高的地方。对于整个平面空间而言，B4001 是该层的核心空间，具有较高的整合度值。

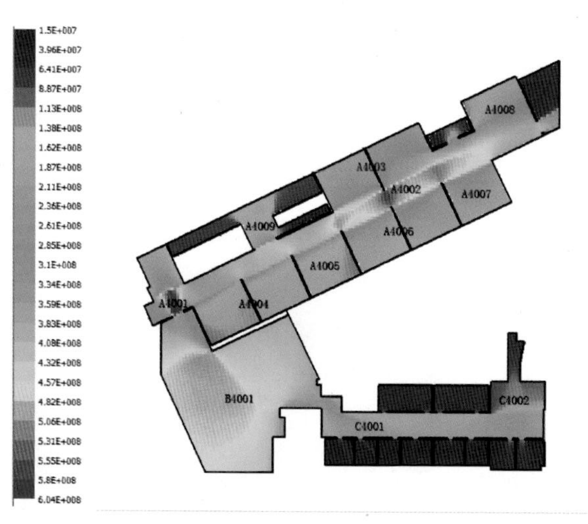

图 5-2-9　四层视觉整合度图

（5）五层平面

通过空间句法软件对五层平面的分析可以看出，图 5-2-10 中视觉整合度最高的区域是 A 区走廊与 B 区休息平台 B5001 的连接处 A5001，其次是 B 区的 B5001，然后是 A5003，接着是 A5007、A5005、A5008、A5006、C5001、C5002。

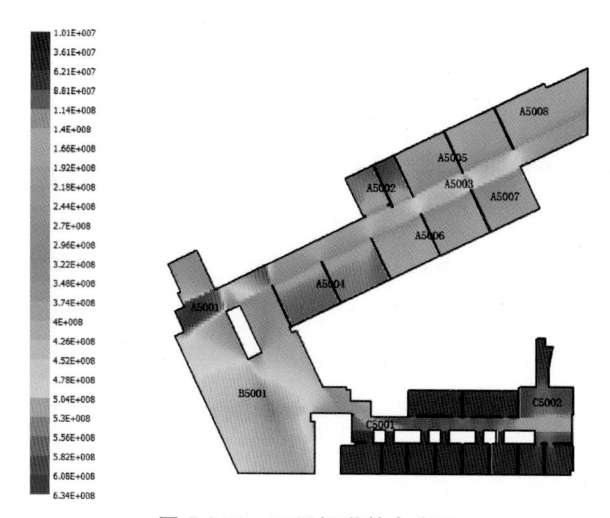

图 5-2-10　五层视觉整合度图

以上这些空间都有着相对比较高的整合度值，因为这些空间都与交通空间或 B 区的休息平台直接相连。办公室部分的空间由于过于封闭，并且面积相对较小，因此视觉整合度较低。C5002 由于该处的走廊空间做了局部面积放大的设计，提高了该区域的相对可见度，因此该空间视觉整合度比其他地方高。

通过以上分析可知，B 区休息平台 A5001 是平均整合度最高的区域，也是空间相互可见性相对较高的地方。对于整个平面空间而言，A5001 是该层的核心空间，具有较高的整合度值。

（6）六层平面

通过空间句法软件对六层平面的分析可以看出，图 5-2-11 中视觉整合度最高的区域是 A 区走廊与屋顶平台的连接处 A6001，其次是 A 区与 B 区的连接空间 A6002，然后是 A6003、B6001、A6005，接着是 B6002、C6001、C6002。以上这些空间都有相对比较高的整合度值，因为这些空间都直接与交通空间相连。而办公室和实验室辅助用房由于空间过于封闭，并且面积相对较小，因此视觉整合度较低。值得注意的是，A6003 是屋顶平台，属于室外空间，虽然有明显的边界，平均视觉整合度也相对较高，但我们要做的是大学教学建筑室内空间的设计研究，因此它不能作为六层平面的核心空间。

图 5-2-11　六层视觉整合度图

通过以上分析可知，B 区休息平台 A6001 是平均整合度最高的区域，也是空间相互可见性相对较高的地方。对于整个平面空间而言，A6001 是该层的核心空间，具有较高的整合度值。

(7) 对优化设计的分析

从图 5-2-12、图 5-2-13 中可以看出，优化后的四层和五层平面 A 区的走廊部分的空间视觉整合度较原方案有所降低，但设计教室的平均空间视觉整合度却较原方案有所提升。因此，从空间视觉整合度的角度分析，该优化设计方案较合理。

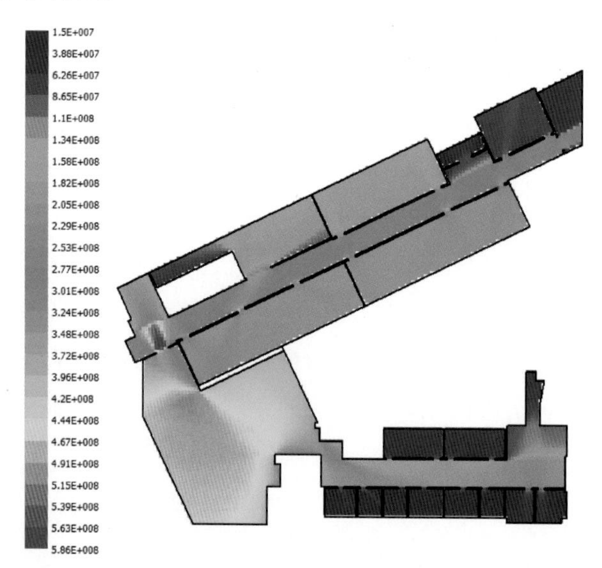

图 5-2-12 优化设计（4F）

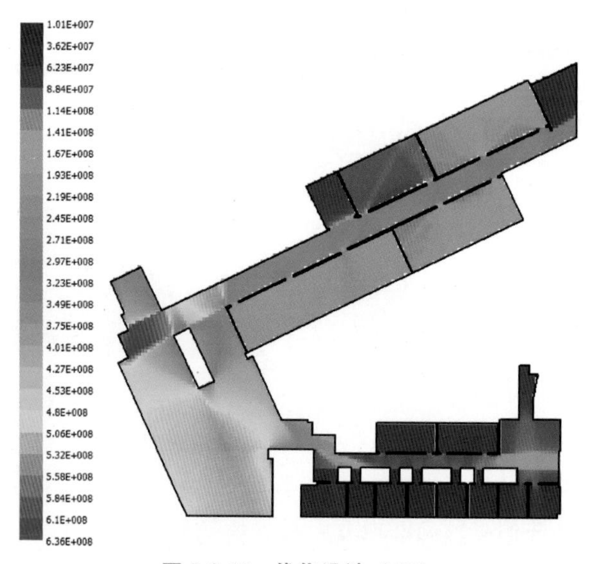

图 5-2-13 优化设计（5F）

5.2.2 空间组构关系分析

(1) 学院楼一层平面分析

由上一节内容可知，我们现在所看到的一层平面是经过改造的，下面我们也将分别针对改造前后的一层空间组构关系进行分析。

改造前，一层平面主要包括以下几个功能空间：实验室（laboratory，L）、门厅、展厅及公共活动平台（primary circulation，PC）、阅览室、咖啡厅、打印店等非正式公共空间（informal common space，IC）、辅助用房（laboratory support spaces，S）。该层平面共分成三个部分：A 区、B 区和 C 区。其中，使 A 区通过 B 区的公共活动平台（PC）和 C 区相连通。A 区主要是实验室和走道（L+OC），C 区是阅览室、咖啡厅、打印店和走道（IC+OC）。

对于该层的空间组构关系定义如下：

① 一层有实验室（L）、走道（OC）和非正式空间（IC），共分成两组：第一组是实验室和走道（L+OC），即 A 区；第二组是非正式空间和走道（IC+OC），即 C 区。两组空间由 B 区的公共活动平台（PC）连通。

② 公共活动平台直接通过 A 区和 C 区的走道连通实验室和非正式空间。因此，要想从 A 区到达 C 区就得通过 B 区的公共活动平台。

③ 实验室直接与走道相连。

④ 非正式公共空间直接与走道相连。

⑤ 实验室与辅助用房直接相连或相邻。

综合上述，一层功能空间的组构关系图如图 5-2-14、图 5-2-15 所示。

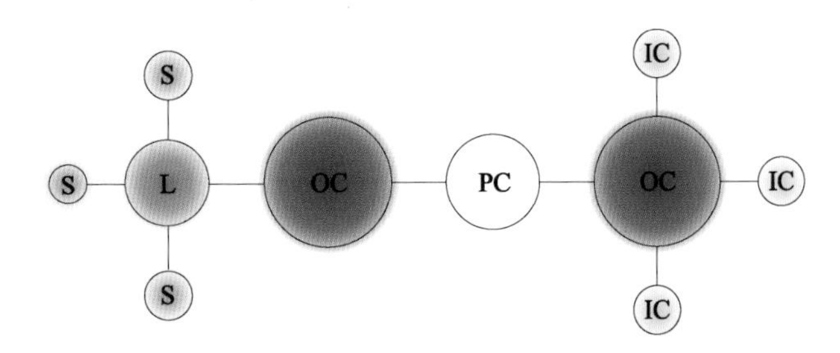

图 5-2-14　一层空间关系渗透图（改造前）

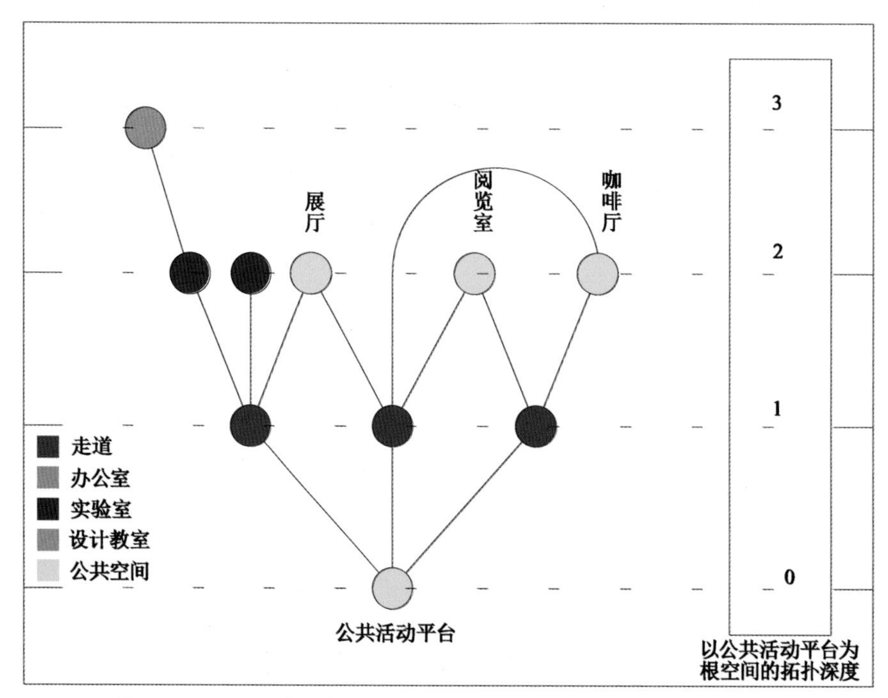

图 5-2-15　以活动平台为根空间的一层空间拓扑深度图（改造前）

改造后，一层平面主要包括以下功能空间：实验室、门厅及展厅、阅览室、咖啡厅、打印店等。

从空间功能结构看，一层包括：核心空间——展厅（PC），两个实验室（L）及辅助用房（S），走道（OC），阅览室、咖啡厅、打印店等非正式公共空间（IC）。该层平面共分成三部分：A 区、B 区和 C 区（图 4-1-1）。A 区通过 B 区的展厅（PC）和 C 区相连通，同时音乐系教室（C）又与展厅（PC）直接连接。A 区主要是实验室和走道（L+OC）；C 区是阅览室、咖啡厅、打印店和走道（IC+OC）。

对于该层的空间组构关系定义如下：

① 一层有实验室（L）、走道（OC）、非正式空间（IC）和教室（C），共分成三组：第一组是实验室和走道（L+OC），即 A 区；第二组是展厅和教室（PC+C），即 B 区；第三组是非正式空间和走道（IC+OC），即 C 区。三组空间由展厅连接成一个整体空间。

② 展厅直接通过 A 区和 C 区的走道连通实验室和非正式空间。因此，要想从 A 区到达 C 区就得通过 B 区的展厅部分。

③ 实验室直接与走道相连。

④ 打印店、咖啡厅直接与走道相连。

⑤ 实验室与辅助用房直接相连或相邻。

⑥ 教室、阅览室与展厅直接相连。

综合上述，一层功能空间组构关系如图 5-2-16 和图 5-2-17 所示。

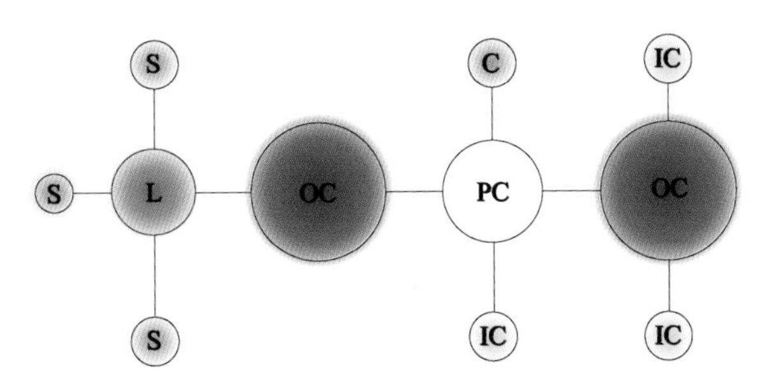

图 5-2-16　一层空间关系渗透图（改造后）

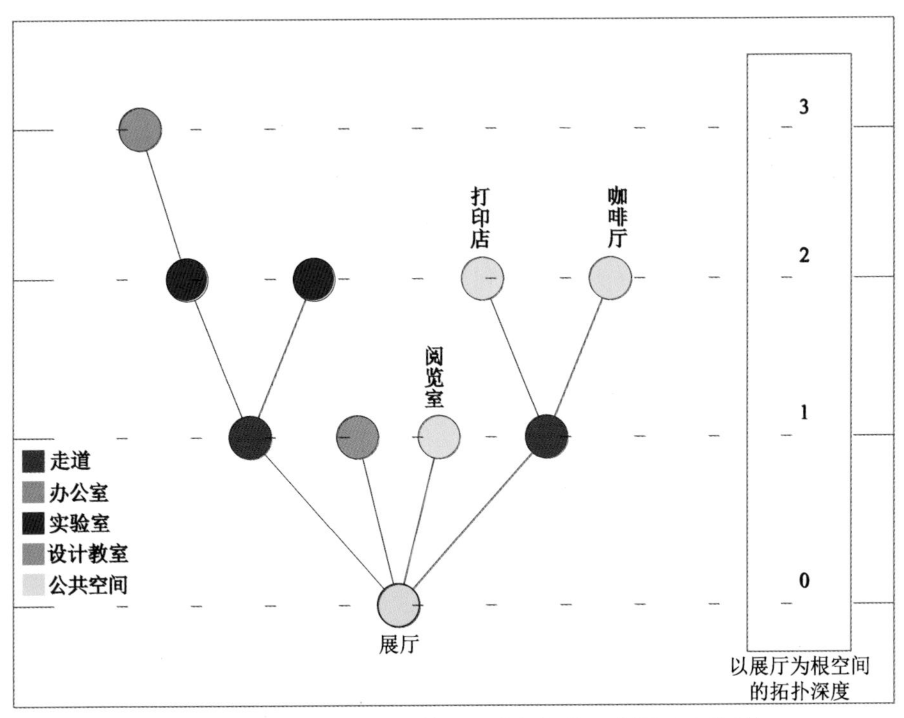

图 5-2-17　以展厅为根空间的一层空间拓扑深度图（改造后）

改造前，一层的 A、C 区功能空间主要靠底层架空的公共活动平台相连通，整个一层联系相对比较薄弱，整体性不强，并且不便于管理维护。

改造后的一层平面形成了一个相对合理的空间渗透配置图，其中渗透的空间从展厅逐步通向走廊空间，走廊又直接连通实验室，再深入实验室辅助空间。通过分析比较，以展厅作为根空间的拓扑深度是 4 步。展厅作为一个更为重要的空间形式，源于它与整个楼层内部空间之间的组构关系，通过简单的数学计算可以发现，从展厅到其他房间的总拓扑深度值最小，即以展厅作为根空间，该楼层空间的整合度最高。

从图 5-2-17 中可以看出，展厅是连接各个空间的核心空间，即人们从该空间到达其他空间是最便捷的。

（2）学院楼二层平面分析

二层平面主要包括以下功能空间：实验室、休息平台、办公室、报告厅、会议室等。

由二层视觉整合度分析可以看出，二层包括：核心空间——A 区的走道（OC）；实验室（L）；辅助用房（S）；阳台、A 区休息平台等非正式公共空间（IC）；办公室（O）；B 区的休息平台（PC）。该层平面共分成三部分：A 区、B 区和 C 区。A 区通过 B 区的休息平台（PC）和 C 区相连通，同时报告厅（classroom，C）又与 B 区休息平台（PC）直接连接；A 区主要包括实验室、走道和一个阳台（L+OC+IC）；C 区是办公室和走道（O+OC）。

对于该层的空间组构关系定义如下：

① 二层有实验室（L）、走道（OC）、阳台（IC）、办公室（O）和报告厅（C），共分成三组：第一组是实验室、走道、阳台和 A 区的休息平台（L+OC+IC），即 A 区；第二组是报告厅和 B 区的休息平台（PC+C），即 B 区；第三组是办公室和走道（O+OC），即 C 区。三组空间由展厅连接成一个整体空间。

② B 区的休息平台直接通过 A 区和 C 区的走道连通实验室和办公室。因此，要想从 A 区到达 C 区就得通过 B 区的休息平台部分。

③ 实验室直接与走道相连。

④ 办公室直接与走道相连。

⑤ 实验室与辅助用房直接相连或相邻。

⑥ 报告厅与 B 区休息平台直接相连。

综合上述，二层功能空间的组构关系如图 5-2-18、图 5-2-19 所示。

二层平面内的空间形成了一个合理的配置图，其中渗透的空间从 A 区走道 A2001 向实验室或办公室等空间逐渐深入。分别以各个功能空间为根空间进行比较分析，结合简单的数学计算可以发现，以 A2001 为根空间，整个 J 形图的总拓扑步数最少。因此，以 A2001 为根空间的 J 形图是整合度最高的。

图 5-2-19 中，A 区走道和 B2001 作为两个凸空间与该层的核心空间 A2001 直接相连；A2002 与核心空间有 1 步的拓扑深度，报告厅、实验室、C 区走道到核心空间有 3 步的拓扑深度；实验室辅助空间和办公室与核心空间有 3 步的拓扑深度。

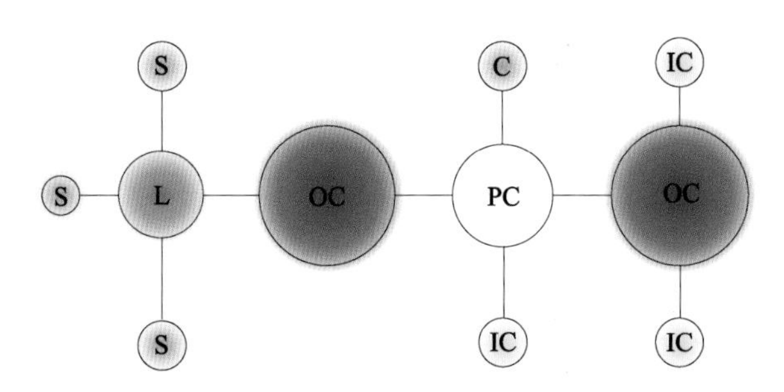

图 5-2-18　二层空间关系渗透图

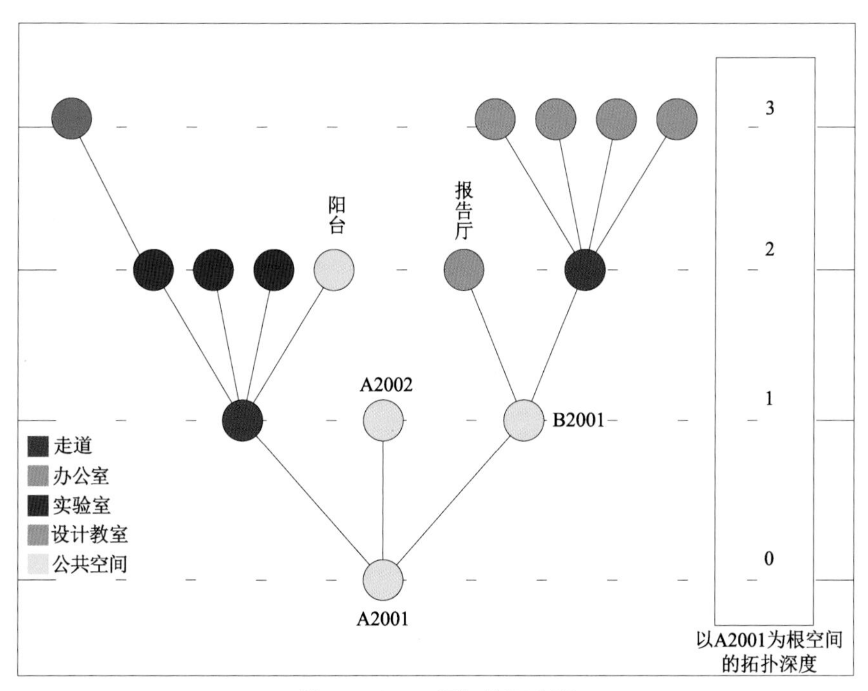

图 5-2-19　二层拓扑深度图

（3）学院楼三层平面分析

三层平面主要包括以下功能空间：公共教室、休息平台、办公室等。

由三层视觉整合度分析可以看出，三层的主要功能空间包括：核心空间 A 区的走道（OC），公共教室（C）和办公室（O），A 区阳台和 B 区露台等非正式公共空间（IC），B 区的休息平台（PC）。A 区通过 B 区的休息平台（PC）和 C 区相连通；A 区主要包括公共教室、走道和一个阳台（C+OC+IC）；C 区是办公室和走道（O+OC）。

对于该层的空间组构关系定义如下：

① 三层有公共教室（C）、走道（OC）、阳台（IC）、露台（IC）和办公室（O），共分成三组：第一组是公共教室、走道和阳台（C+OC+IC），即 A 区；第二组是休息平台和露台（PC+IC），即 B 区；第三组是办公室和走道（O+OC），即 C 区。三组空间由休息平台（PC）连接成一个整体空间。

② B 区的休息平台直接通过 A 区和 C 区的走道连通公共教室和办公室。因此，要想从 A 区到达 C 区就得通过 B 区的休息平台部分。

③ 公共教室直接与走道相连。

④ 办公室直接与走道相连。

⑤ 露台和休息平台直接相连。

综合上述，三层功能空间的组构关系图如图 5-2-20 和图 5-2-21 所示。

三层平面内的空间形成了一个合理的配置图，其中渗透的空间从 A 区走道 A3003 向办公室等空间逐渐深入。分别以各个功能空间为根空间进行比较分析，结合简单的数学计算可以发现，当以 A3003 为根空间时，整个 J 形图的总拓扑步数最少。因此，以 A3003 为根空间的 J 形图是整合度最高的。

图 5-2-21 中，B3001 作为凸空间与该层的核心空间 A3003 直接相连；各公共教室与核心空间有 1 步的拓扑深度；B3003、C 区走道到核心空间有 2 步的拓扑深度；办公室与核心空间则有 4 步的拓扑深度。

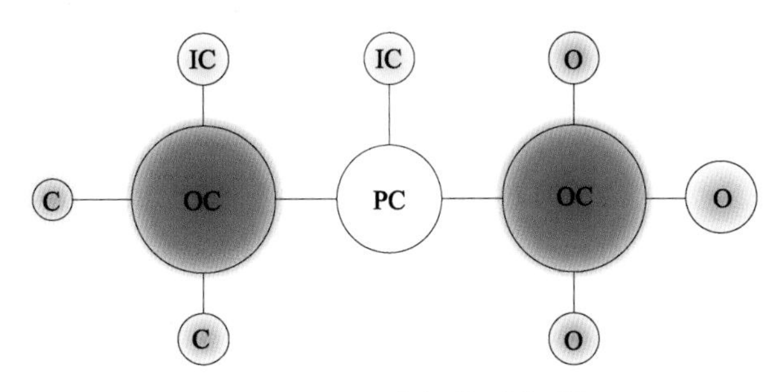

图 5-2-20 三层空间关系渗透图

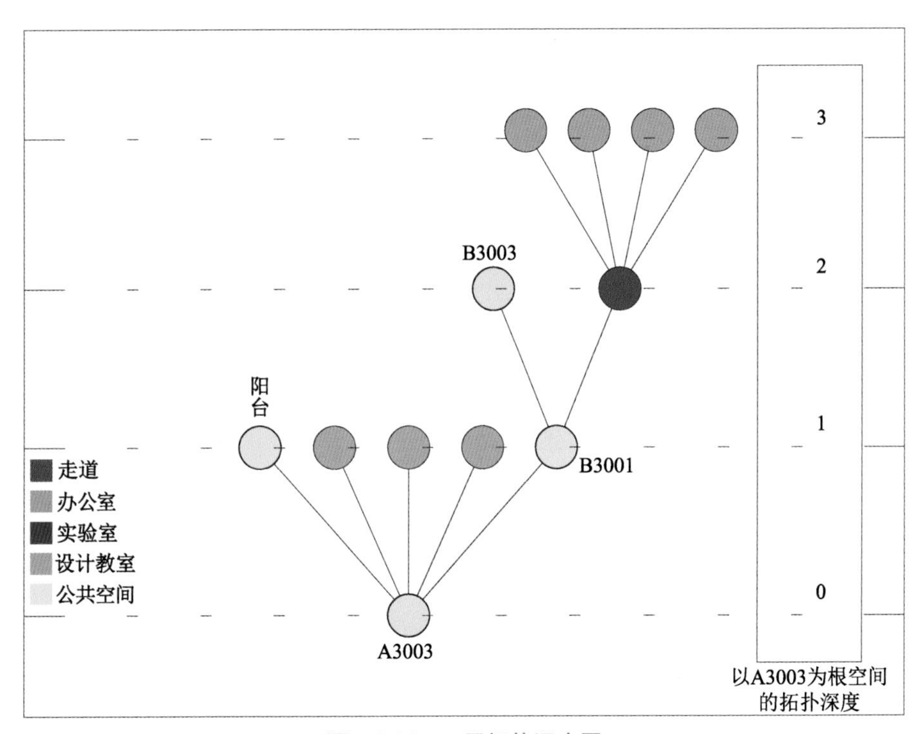

图 5-2-21 三层拓扑深度图

(4) 学院楼四层平面分析

四层平面主要包括以下功能空间：设计教室、休息平台、办公室等。

由四层视觉整合度分析可以看出，四层的核心空间是作为 A、C 区连通空间的休息平台（PC）。该层的主要功能空间是设计教室（C），作为非正式公共空间（IC）的阳台，以及 C 区的办公室（O）。A 区通过 B 区的休息平台（PC）和 C 区相连通。A 区主要包括设计教室、走道和一个阳台（C+

OC+IC)；C 区是办公室和走道（O+OC）。

对于该层的空间组构关系定义如下：

① 四层有设计教室（C）、走道（OC）、阳台（IC）和办公室（O），共分成两组：第一组是设计教室、走道和阳台（C+OC+IC），即 A 区；第二组是办公室和走道（O+OC），即 C 区。两组空间由 B 区的休息平台（PC）连接成一个整体空间。

② B 区的休息平台直接通过 A 区和 C 区的走道连通各个设计教室和办公室。因此，要想从 A 区到达 C 区就得通过 B 区的休息平台。

③ 设计教室直接与走道相连。

④ 办公室直接与走道相连。

综合上述，四层功能空间的组构关系图如图 5-2-22 和图 5-2-23 所示。

四层平面内的空间形成了一个合理的配置图，其中渗透的空间从休息平台 B4001 向设计教室或办公室等空间逐渐深入。分别以各个功能空间为根空间进行分析比较，结合简单的数学计算可以发现，当以 B4001 为根空间时，整个 J 形图的总拓扑步数最少。因此，以 B4001 为根空间的 J 形图是整合度最高的。

图 5-2-23 中，A、C 区走道作为两个凸空间与该层的核心空间休息平台直接相连；设计教室和办公室到核心空间是 2 步的拓扑深度。

优化后的方案如图 4-3-1 所示，四层平面内各功能空间的组构关系并没有改变，只是在一定程度上减弱了设计教室与走廊空间的联系，同时加强了部分设计教室之间的联系。

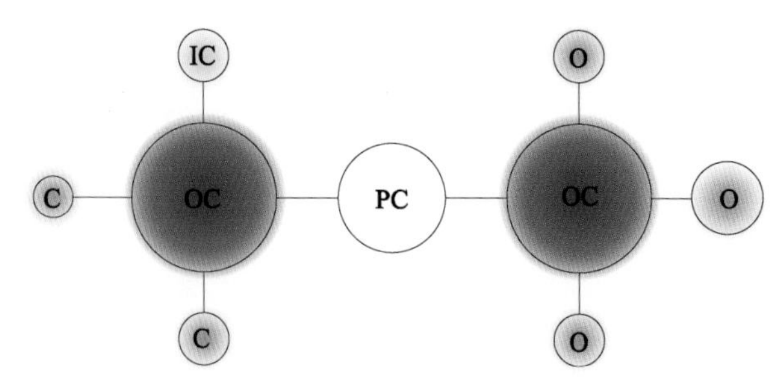

图 5-2-22　四层空间关系渗透图

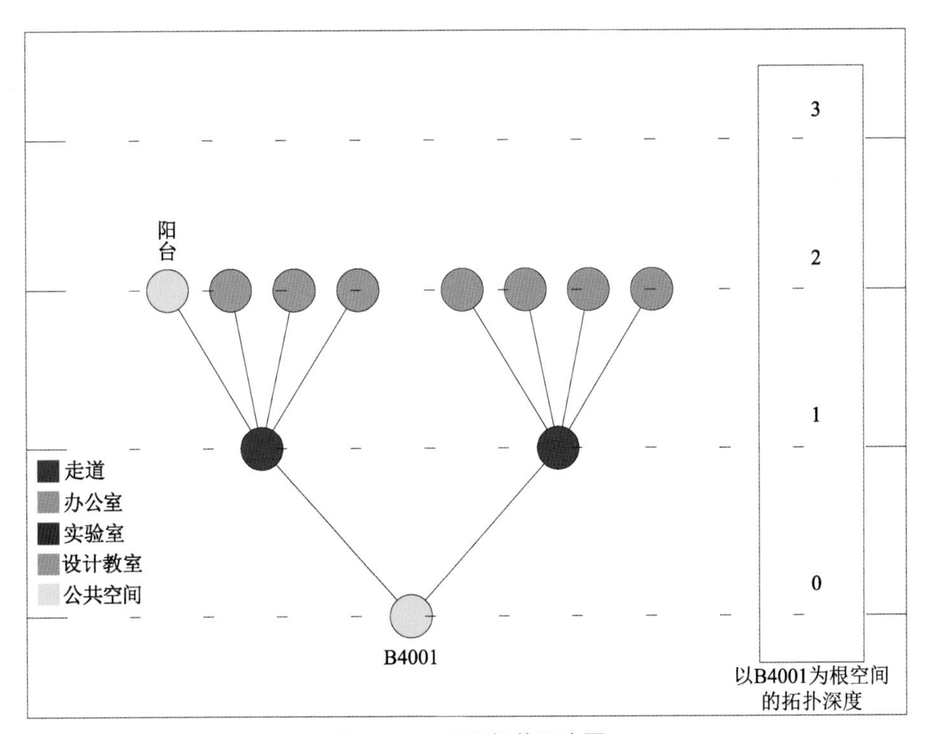

图 5-2-23　四层拓扑深度图

(5) 学院楼五层平面分析

五层平面主要包括以下功能空间：专业教室、休息平台、办公室等。

由五层视觉整合度分析可以看出，五层的核心空间是作为 A、C 区连通空间的休息平台（PC）。该层的主要功能空间是专业教室（C）和办公室（O），还有作为非正式公共空间的 A 区阳台（IC）。A 区通过 B 区的休息平台（PC）和 C 区相连通；A 区主要包括专业教室、走道和一个阳台（C+OC+IC）；C 区是办公室和走道（O+OC）。

对于该层的空间组构关系定义如下：

① 五层有专业教室（C）、走道（OC）、阳台（IC）、办公室（O），共分成三组：第一组是专业教室、走道和阳台（C+OC+IC），即 A 区；第二组是休息平台和专业教室（PC+C），即 B 区；第三组是办公室和走道（O+OC），即 C 区。三组空间由休息平台（PC）连接成一个整体空间。

② B 区的休息平台直接通过 A 区和 C 区的走道连通专业教室和办公室。因此，要想从 A 区到达 C 区就得通过 B 区的休息平台部分。

③ 专业教室直接与走道相连。

④ 办公室直接与走道相连。

⑤ 专业教室和休息平台直接相连。

综合上述，五层功能空间的组构关系图如图 5-2-24 和图 5-2-25 所示。

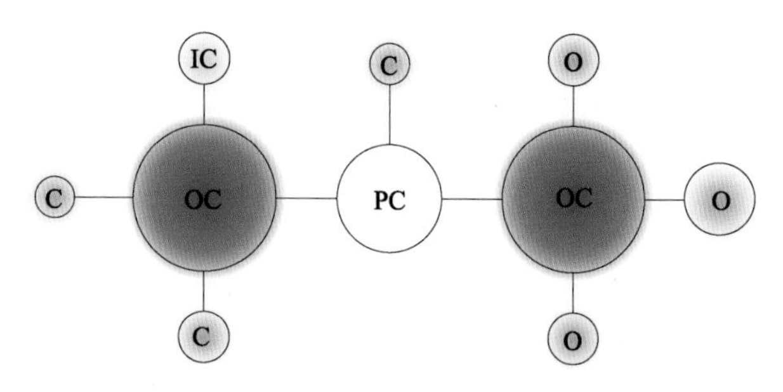

图 5-2-24　五层空间关系渗透图

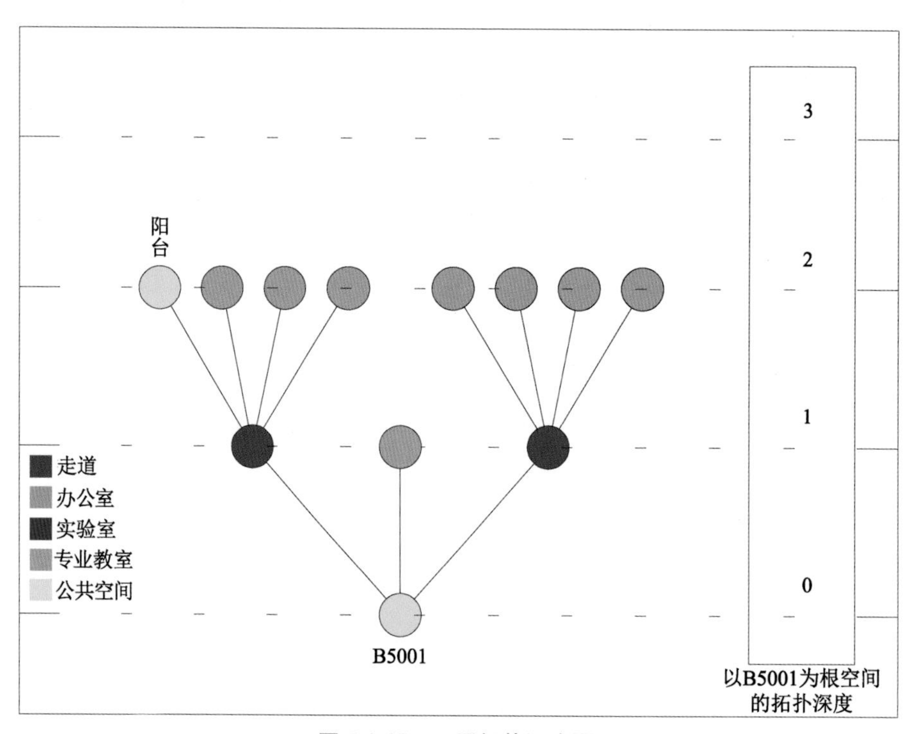

图 5-2-25　五层拓扑深度图

五层平面内的空间形成了一个合理的配置图，其中渗透的空间从休息平台向 B5001 专业教室或办公室等空间逐渐深入。分别以各个功能空间为根空间进行分析比较，结合简单的数学计算可以发现，当以 B5001 为根空间时，整个 J 形图的总拓扑步数最少。因此，以 B5001 为根空间的 J 形图是整合度最高的。

图 5-2-25 中，A、C 区走道作为两个凸空间与该层的核心空间 B5001 直接相连；其中有一个专业教室与核心空间有 1 步的拓扑深度，办公室和大部分专业教室到核心空间有 2 步的拓扑深度。

优化后的方案如图 4-3-2 所示，五层平面内各功能空间的组构关系并没有改变，只是在一定程度上减弱了专业教室与走廊空间的联系，同时加强了部分专业教室之间的联系。

（6）学院楼六层平面分析

由六层视觉整合度分析可以看出，六层的核心空间是作为 A、C 区连通空间的休息平台（PC）。该层的主要功能空间为美术教室（C）、办公室（O）、走道（OC），阳台、屋顶平台等非正式公共空间（IC），以及两个直接与办公室相连的卧室（B）。A 区通过 B 区的休息平台（PC）和 C 区相连通，同时还有一个美术教室与休息平台直接连接（C+PC）；A 区主要包括美术教室、走道、阳台和屋顶平台（C+OC+IC）；C 区是办公室和走道（O+OC）。

对于该层的空间组构关系定义如下：

① 六层有美术教室（C）、走道（OC）、阳台、屋顶平台（IC）和办公室（O），共分成三组：第一组是美术教室、走道、阳台和屋顶平台（C+OC+IC），即 A 区；第二组是休息平台和美术教室（PC+C），即 B 区；第三组是办公室和走道（O+OC），即 C 区。三组空间由展厅连接成一个整体空间。

② 展厅直接通过 A 区和 C 区的走道与美术教室和办公室相连。因此，要想从 A 区到达 C 区就得通过 B 区的休息平台部分。

③ 美术教室直接与走道相连。

④ 办公室直接与走道相连。

⑤ 屋顶平台与阳台都直接与走道相连。

⑥ 美术教室与休息平台直接相连。

⑦ 卧室直接和办公室连通。

综合上述，六层功能空间的组构关系图如图 5-2-26 和图 5-2-27 所示。

六层平面内的空间形成了一个合理的配置图，其中渗透的空间从休息平台 B6001 向美术教室或办公室等空间逐渐深入。分别以各个功能空间为根空间进行分析比较，结合简单的数学计算可以发现，当以 B6001 为根空间时，整个 J 形图的总拓扑步数最少。因此，以 B6001 为根空间的 J 形图是整合度最高的。图 5-2-27 中，A、C 区走道作为两个凸空间与该层的核心空间休息平台直接相连；其中一个美术教室与核心空间有 1 步的拓扑深度，办公室和大部分美术教室到核心空间有 2 步的拓扑深度；两个卧室则与核心空间有 3 步的拓扑深度。

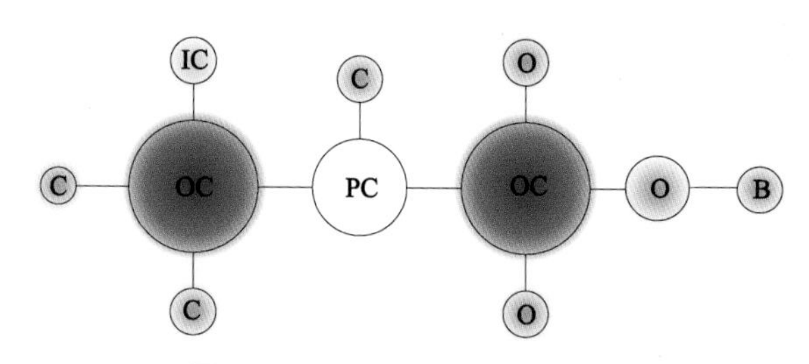

图 5-2-26　六层空间关系渗透图

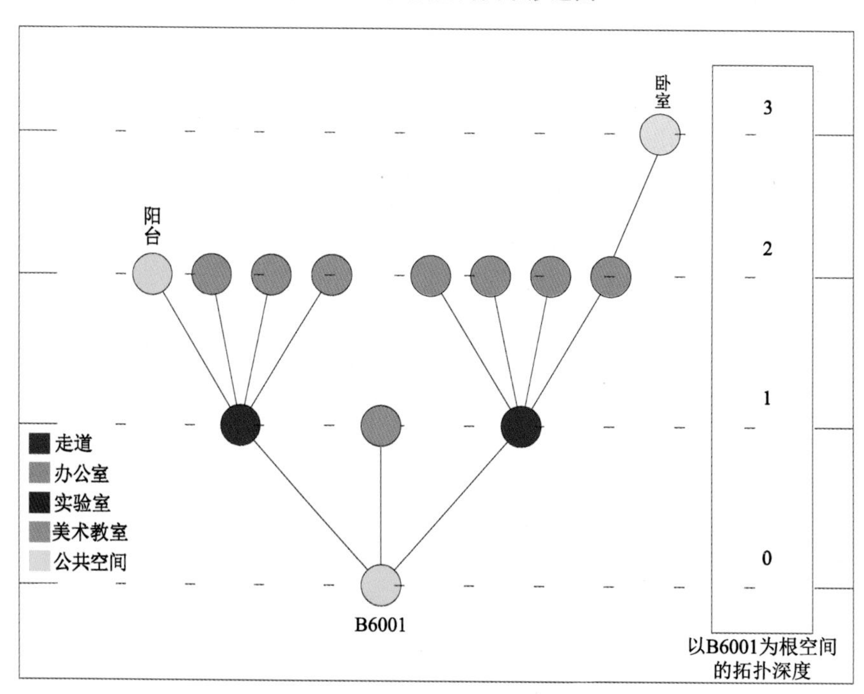

图 5-2-27　六层拓扑深度图

5.2.3　空间最长动线分析

根据空间句法理论，最长动线主要是识别连续直线的动线和视线，通常关联空间个体在空间中的流动性与全区性。通常，动线用来反映空间个体在空间中的运动路线。单个空间单元不仅具有潜在的地方性，即私密性和独特性，而且同时具有潜在的可达性和公共性，即所谓的全区性。因此，一栋建筑可以同时具有全区性和地方性。

最长动线分析结果反映的是空间的总体整合度，用以表达某一条动线和整个空间系统的可达性关系。

（1）一层平面最长动线分析

根据第 2 章对最长动线的介绍，颜色越接近红色，可达性越高；颜色越接近蓝色，可达性越低。图 5-2-28 中红色动线显示 A 区走廊是该层平面便捷度最高的空间区域，但该分析结果只是在客观条件下对空间最长动线进行的数据分析。前面案例调研环节已经提到，由于该层实验室和机房功能与服务对象的特殊性，致使 A 区东部建筑空间的使用人群相对固定，人流量也有限。因此，我们必先忽略这一条最长动线。

由图 5-2-28 可以看出，在改造前，一层平面最长动线的平均可达性最高的空间主要集中在底层架空的公共活动平台部分。根据现场调研发现，为了方便维护与管理整个教学楼，该区域基本等同于室外空间，它并不能在建筑的使用中发挥组织人流、创造更多随意性交流的作用。

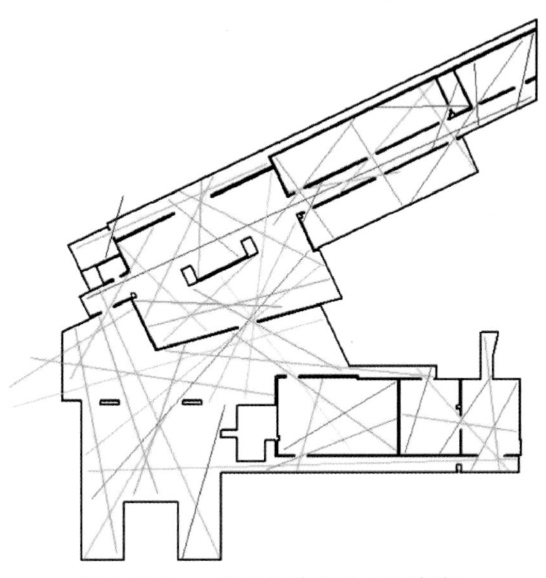

图 5-2-28　一层最长动线图（改造前）

改造后（图 5-2-29），一层平面最长动线主要集中在展厅空间，即人在此处的移动较多。因此，从最长动线分析的角度来看，该学院楼的改造是合理的。

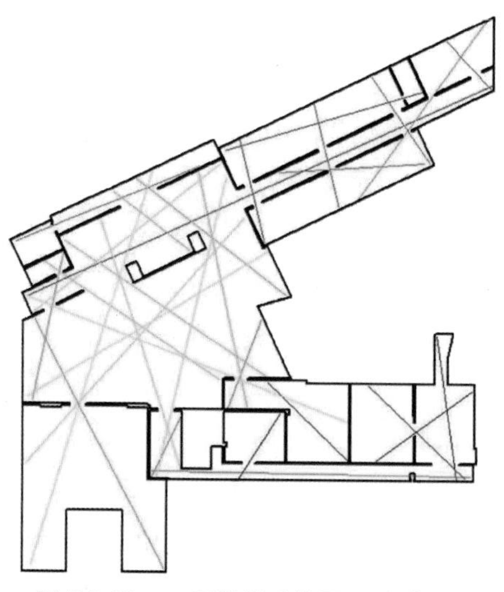

图 5-2-29　一层最长动线图（改造后）

（2）二层平面最长动线分析

由最长动线分析结果（图 5-2-30）可以看出，高可达性的最长动线主要集中在 A 区走廊和 B 区休息平台，其次是 C 区走廊。

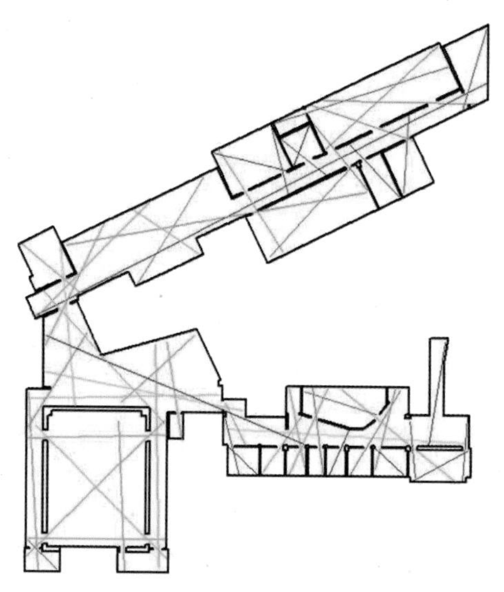

图 5-2-30　二层最长动线图

(3) 三层平面最长动线分析

由最长动线分析结果（图 5-2-31）可以看出，高可达性的最长动线主要集中在 A 区走廊，其次是 C 区走廊和 B 区休息平台。

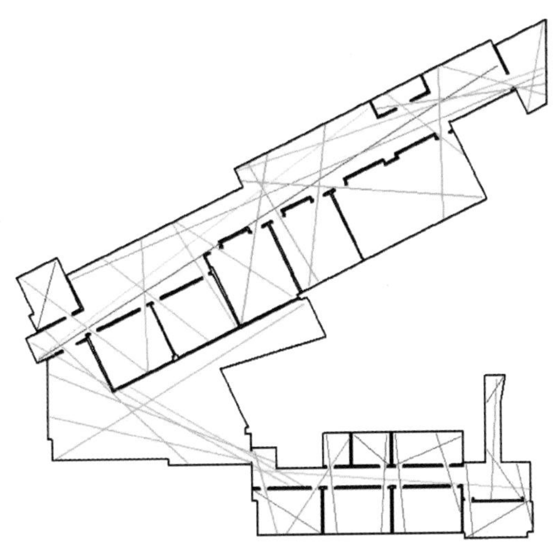

图 5-2-31　三层最长动线图

(4) 四层平面最长动线分析

由最长动线分析结果（图 5-2-32）可以看出，高可达性的最长动线主要集中在 A 区走廊，其次是 C 区走廊和 B 区休息平台。

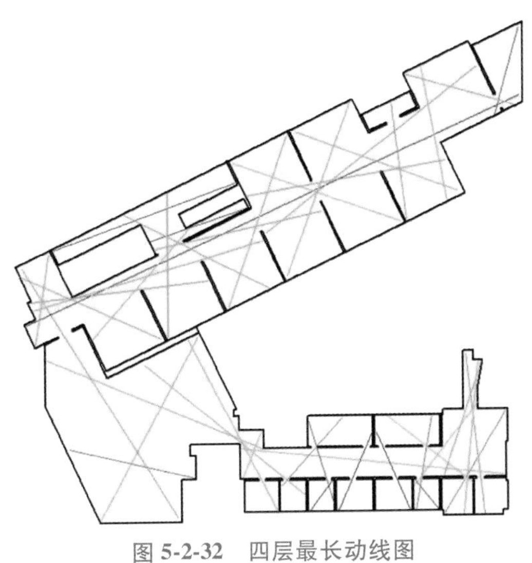

图 5-2-32　四层最长动线图

（5）五层平面最长动线分析

由最长动线分析结果（图 5-2-33）可以看出，高可达性的最长动线主要集中在 A 区走廊，其次是 B 区休息平台和设计教室。

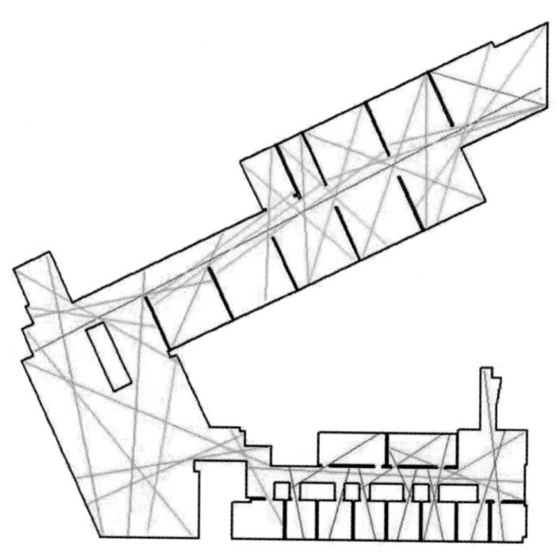

图 5-2-33　五层最长动线图

（6）六层平面最长动线分析

由最长动线分析结果（图 5-2-34）可以看出，高可达性的最长动线主要集中在 A 区走廊，其次是 B 区休息平台和 C 区走廊。

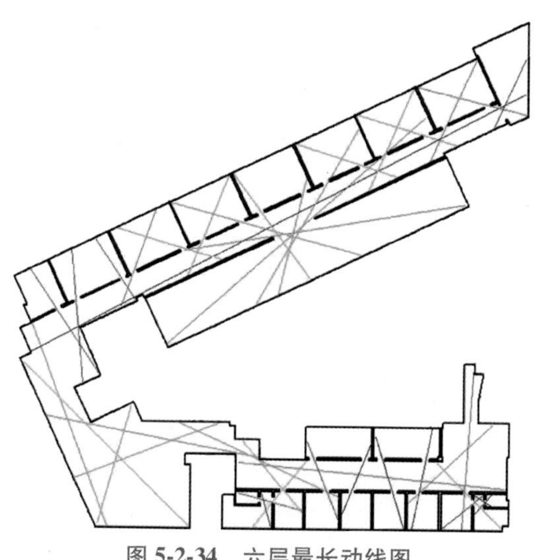

图 5-2-34　六层最长动线图

（7）优化方案的最长动线分析

根据师生使用情况的调研结果，我们对学院楼四层、五层的专业教室进行了优化设计，下面对优化后的平面内的最长动线进行分析。分析结果如图 5-2-35 和图 5-2-36 所示，高可达性的最长动线主要集中在 A 区走廊，其次是 C 区走廊、B 区休息平台及 A 区专业教室。

因此，从空间最长动线分析的角度而言，针对专业教室部分的优化方案是可行的。

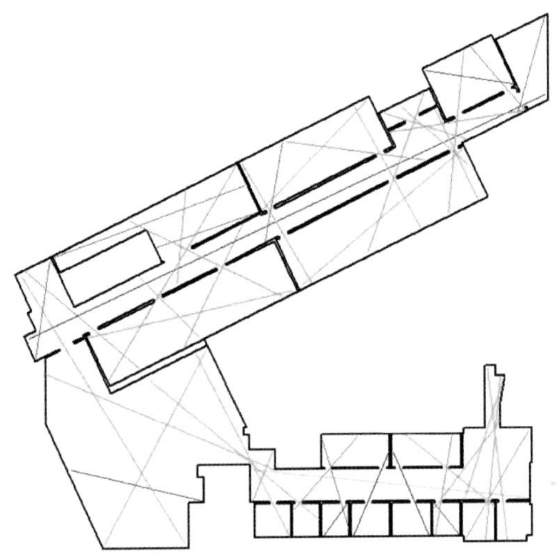

图 5-2-35　优化方案最长动线分析（4F）

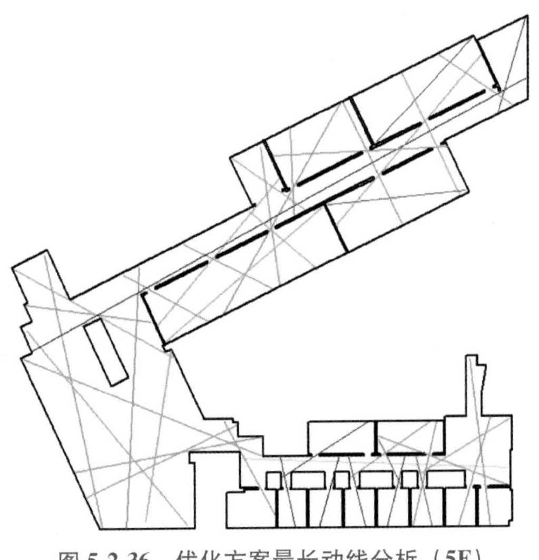

图 5-2-36　优化方案最长动线分析（5F）

通过以上分析可以看出，高可达性的最长动线都集中在交互空间，即交通空间、廊空间、厅空间及一些开放空间；最长动线的颜色越接近红色，它的可达性就越高，它到达别的空间单元的便捷度就越高。除此之外，通过观察研究我们还发现，可达性越高的场所，人的移动就越多，即人流量就越大。因此，我们可以根据该数据分析结果去研究设计空间，为空间创造更多的人流。

5.3 本章小结

本章首先从环境心理学的角度，分析人的行为心理与大学教学建筑空间环境的关系；然后利用空间句法理论，从空间的组构、空间的视觉整合度及空间最长动线三个方面，对该教学楼的内部空间（主要是交互空间）进行几何性数据分析；最后通过整理、比较和分析，总结出以下几点。

（1）产生随意性交流的交互空间的共同点

① 能满足人们对“边界效应”“个人空间”“领域性”“舒适度”等方面的心理需求。

② 空间整合度高。

③ 相互可见度高。

④ 可达性高。

（2）对修改案例整体的空间评价

1）成功之处

① 空间类型丰富，设计了很多可以创造随意性交流的交互空间。

② 开敞的直跑楼梯，贯穿三个楼层空间，有效地缩短了楼层间的步行距离。

③ 竖向空间的设计，扩大了上下楼层的视域范围。

④ 开敞性流动空间的设置，丰富了建筑内的空间层次。

2）不足之处

① 某些交互空间尺度过大。

② 空间装饰材料基调偏冷。

③ 缺乏必要的公共设施。

④ 交互空间质量不高。

⑤ 空间中缺乏空间吸引体的设置。

Space Empowerment

6 设计实践中的应用策略

维特鲁威在其著作《建筑十书》中提出坚固、适用、美观是建筑的三要素。其中，“适用”指的是建筑的功能性，建筑空间使用者的需求对决定建筑如何设计是至关重要的。尽管每所大学的教学建筑都不相同，但室内空间的用途都是相似的。在了解了现有的关于大学教学建筑内部空间的研究后，我们发现：在一些相似的空间环境的设计中，存在着某些特定的规律，并影响着人们对大学教学空间的设计。当然，各种导则、建议也会受到当时认识水平局限性的影响。

通过对本案例的调研、分析，笔者发现，个体间的随意性交流主要发生在教学楼内的交互空间，包括交通空间、休息空间、展示空间及开放空间等。本章主要针对上述空间在设计实践中的应用策略，希望通过这些处理手法，激发更多人与人之间的随意性交流。这些应用策略主要强调将大学教学建筑内部空间设计得具有吸引力，能让人驻足停留，而不仅仅是交通区域。并且，我们所关注的不是教师办公室或学生教室，而是教师或学生平时经常使用的一些交互空间的利用。

所以，为了创造能够激发更多随意性交流的空间场所，当前大学教学建筑设计或改造应注重以下几个方面的考虑。

6.1 入口集散空间

建筑入口的集散空间是由室外向室内在空间环境和心理上的过渡。通过对多所高校教学楼的调研和观察发现，建筑的主入口门厅的人流量是最大的，但人群仅仅是从该空间匆匆而过，一般不会停留，更不会停下来与某人交谈等。通过对使用者的随机无限制访问，师生一致反映，该空间缺少必要的公共设施，并且吸引力不强，因此很少有人驻足停留。

在进行建筑入口集散空间的设计时，应该注意以下问题：

① 在进行大学教学建筑设计时，设计师应结合师生的主要步行人流设计建筑的主入口，进而根据建筑主入口设计一定形式的入口集散空间。

② 在整个校园夜间景观中，入口空间作为建筑显著的标志之一，应具备好的照明条件，并能为人们活动提供安全保证。

③ 在建筑入口空间设置一些空间利用吸引体，有利于吸引人流在此处停留，避免门厅空间成为纯粹的交通空间。(图 6-1-1)

④ 在建筑主要入口门厅处或者附近放置自动售货机或设置价格合理的餐饮供应点。(图 6-1-2)

⑤ 在入口附近设失物招领处等，可增加师生在这里逗留和碰面的机会。(图 6-1-2)

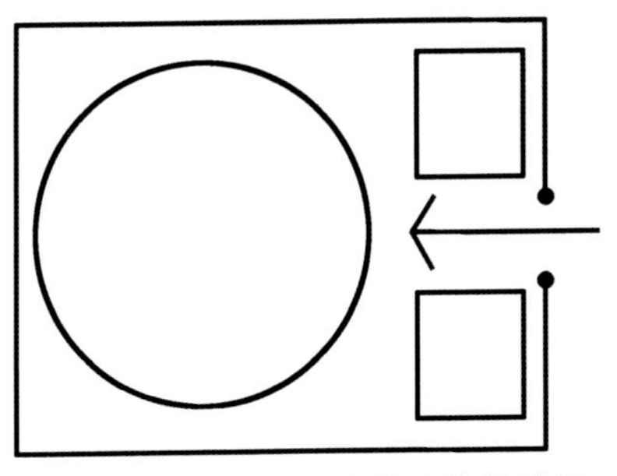

图 6-1-1　入口空间公共设施的设置

图 6-1-2　门厅附近设施

图片来源：井渌　摄

⑥ 可以通过不定期的布置展览或设置公开教学环节，增加公共空间的吸引力，既可以增加信息的普及率，还可以提高师生间偶遇的概率。(图 6-1-3)

⑦ 主要人流通道边应设有舒适的座椅等，用来吸引人流的停留。(图 6-1-4)

图 6-1-3　门厅的公开教学

图片来源：井渌　摄

图 6-1-4　江苏建筑职业技术学院教学楼入口空间

⑧ 座椅的设置，不仅要能满足各种人群的需求，还要方便个人的使用。

⑨ 座位区附近应设有饮水处和足够数量的垃圾桶。(图 6-1-4)

⑩ 精心设计既服务于正常人又服务于残疾人的组合式座椅。

⑪ 研究表明，学校里各建筑的主入口空间利用率都很高，学生既可以在那里等人，也可以在那里约会。因此，在进行建筑入口集散空间设计时，应注意建筑室内外空间的对话关系。(图 6-1-5)

⑫ 在醒目的位置设置能代表该建筑形象或能体现该建筑特点的公共艺术品或标志，既能培养学生的主人翁意识，又可以成为视觉焦点。(图 6-1-6)

图 6-1-5　室内外对话关系

图 6-1-6　某学院楼入口空间

⑬ 在纬度较高的地区，建筑入口空间最好设在阳光充足位置，并配备供暖设施。

⑭ 在炎热的夏天，入口空间向阳面应设有遮阳顶棚，并结合通风窗口的设计以降低空间温度。

6.2　内部交通空间

走廊和楼梯是大学教学建筑内除入口门厅外人流量最大的空间区域，是整个建筑的“大动脉”。因此，大学教学建筑内部交通空间的设计，指的就是走廊和楼梯的设计。

6.2.1　走廊

对学生时代的回忆总少不了走廊中发生的故事，在这里，走廊不仅仅具备交通的功能。一个明亮宽敞富于变化的走廊空间，将满足学生交流活动的需求，它是这座建筑的主题空间。走廊是人流的主要集散地，它的功能特点决定了它可以创造相遇、交流的机会。但走廊长期以来一直被当作单纯的交通空间，宽度的设计也多以并行通过的人员数量为依据，空间往往缺少变化，光线昏暗、单调乏味。虽然走廊相对封闭狭窄的走道具有较强的引导性和导向性，但它只能作为纯粹的交通空间，而不能成为师生的交流场所。具有柔和的自然光线和适宜的空间尺度是产生随意性交流的必要条件。

走廊的设计可以采用以下方法：

① 设计走廊时应适当增加其宽度，在满足人流通过的情况下，还应留有一定的空间方便人们随时停留下来交流。（图 6-2-1、图 6-2-2）

② 对走廊空间进行局部加宽处理，以交互空间的形式给人们创造一处可以休息和交流的空间场所。（图 6-2-3）

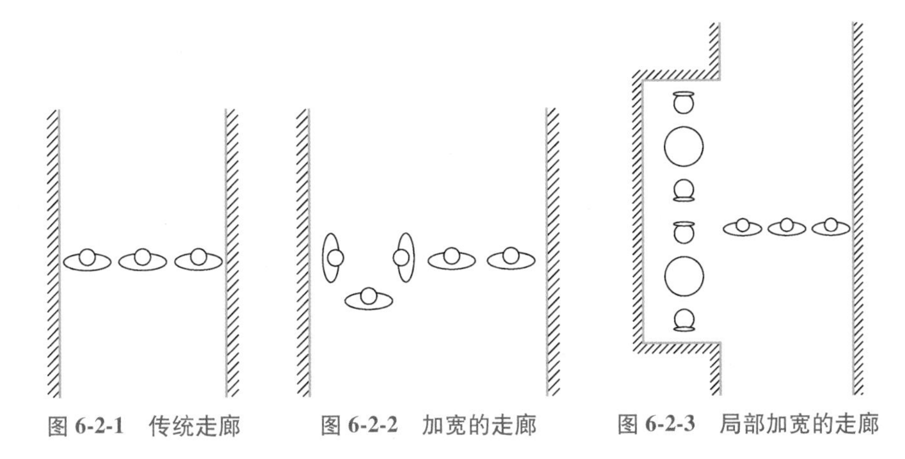

图 **6-2-1**　传统走廊　　图 **6-2-2**　加宽的走廊　　图 **6-2-3**　局部加宽的走廊

③ 走廊设计可以通过以与它所穿越的空间合并的形式来加宽走道宽度，创造观景、休息、停留的空间。

④ 在设计初期，可以适当增加走廊的宽度，设置橱窗、公告栏等，引起人们的注意，从而吸引人们停留。（图 6-2-4）

⑤ 增加走廊的开敞性，相对开敞的空间可以有效提高空间个体间的相互可见度，增加彼此的碰面机会。

⑥ 将一边开敞的走道设计成平台或展廊，并与它所连接的空间形成视觉和空间上的联系。（图 6-2-5）

⑦ 两边开敞的走道，一定程度上成了它所穿越空间的延伸部分。（图6-2-6）

⑧ 对于已建成建筑的相对封闭的走道，可以通过在墙上开洞的方式，使其与相邻的空间产生联系。（图 6-2-7）

图 6-2-4　走廊里的橱窗

图 6-2-5　一边开敞的走道（手绘）

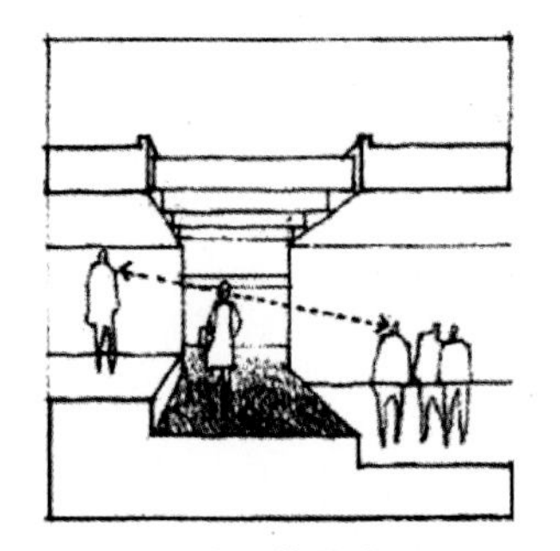

图 6-2-6　两边开敞的走道（手绘）

图 6-2-7　封闭的走道（手绘）

⑨ 走廊空间可以通过在顶部开窗的方式实现自然采光。（图 6-2-8）

⑩ 不能通过顶部采光的走廊，可在其一侧开辟直接对外的窗户，以实现自然采光。（图 6-2-9）

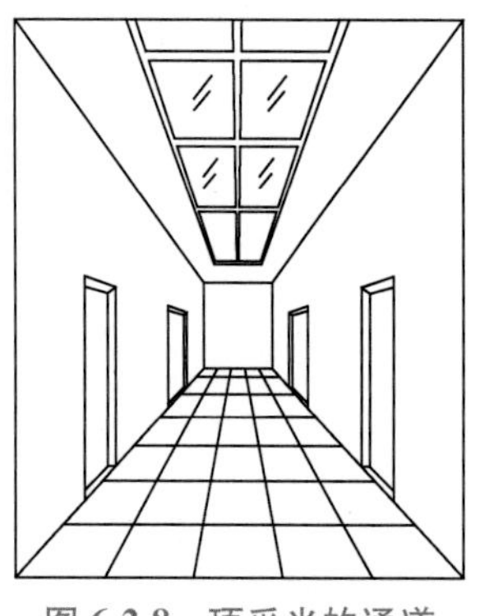

图 6-2-8　顶采光的通道

图 6-2-9　侧采光的通道

⑪ 对于无法直接采光的走廊，可以将一侧或两侧墙体改为玻璃墙，以实现间接采光。

⑫ 卫生间入口处的走廊应该适当加宽，并做好自然通风措施，从而为等候人群创造一个停留空间。

⑬ 在围绕中庭空间布置环形走廊的建筑中，应通过架设天桥的方式，缩短步行距离，避免过长的绕行路线。（图 6-2-10）

⑭ 走廊空间还可以设计成双廊、两侧教室的布局：这主要针对内廊式的建筑布局，即将公共走廊加宽，并在中间设置直跑楼梯或贯通几层的竖井，以此将走廊分隔成两个部分，形成双廊、两侧教室的空间布局形式，双廊由“天桥”相连通，可提高空间可达性。（图 6-2-11）

图 6-2-10　天桥的设置

图片来源：杨洲．艺术·学院·空间：中央美术学院建筑学院教学楼设计创作［J］．建筑学报，2007（08）：14-21.

图 6-2-11　双廊的设计

图片来源：赖慕珊．库尔斯·贝尔桑斯的新公共图书馆［J］．建筑技术及设计，2003（12）：40-53.

6.2.2　楼梯

楼梯是解决一栋教学楼竖向交通最主要的方式之一。这里的楼梯是指贯穿整栋建筑各个楼层、起主要疏散作用的楼梯。因此，该空间也是偶遇发生频率最高的空间之一。但传统的楼梯仅以疏散人群作为最初设计的出发点，这样楼梯就成了单纯的交通空间；并且对于楼梯间的开窗位置，也只是从满足采光、通风要求及立面效果的角度进行设计，根本没有考虑楼梯休息平台的标高问题，因此楼梯间的窗口高度通常不在使用者正常的视域范围内，无法给使用者提供开放的景观视野；同时，休息平台的设计也多以消防疏散宽度为依据，空间相对狭窄、封闭、阴暗，使得人们即使相遇也不愿甚至无法驻足进行交流。

楼梯的设计应注意以下几个方面的问题：

① 适当增加楼梯宽度，因为宽阔、平缓的台阶能使在楼梯上相遇的使用者在不影响其他人使用的前提下短暂停留。(图 6-2-12)

图 6-2-12　楼梯入口

② 进行建筑立面的设计时，应结合楼梯休息平台的高度设计开窗位置，使其在正常人的视线范围内。(图 6-2-13)

③ 楼梯间开窗尺寸，应摒弃以往以楼梯间窗地比为依据的小窗、高窗的设计，而采用大面积的开窗设计，既可以为使用者提供一个观景平台，也可以有效地提升楼梯间的空间环境质量和舒适度。(图 6-2-13)

④ 休息平台打断了楼梯的踏步，改变了楼梯的方向，同时也提供了休息的机会，以及从楼梯上观景的可能性。因此，亲切、有趣的平台设计更受使用者的青睐。(图 6-2-14)

⑤ 在做楼梯设计时，应适当增加休息平台的宽度，这样在满足正常疏散要求的同时，还能为使用者提供一个临时停留、休息、观景的空间。(图 6-2-15)

⑥ 楼梯作为一种雕塑形式，或附着于一边，或独立于某一空间之中。(图 6-2-16)

⑦ 在楼梯与走廊交汇空间附近应设置座椅。

图 6-2-13　楼梯 A

图片来源：井渌　摄

图 6-2-14　楼梯 B

图片来源：井渌　摄

图 6-2-15　楼梯 C

图 6-2-16　楼梯 D

6.3　交互式公共空间

通过调研发现，开放式的交互空间是交流的重要场所，但缺乏亲切感的、过分嘈杂的交互空间往往无法提供令人满意的交流环境。大学教学楼方案设计要避免公共交互空间尺度过大，否则无法形成交流所需要的亲切氛围和舒适感；对于面积过大的交互空间，要有效地创造更加宜人的小尺度环境。

对于已建成的建筑，以下方式能有效地改善已有的不利环境，将其改造成一个更有利于激发随意性交流的交互式公共空间场所：

① 使主要人流从该空间的边缘通过，这样既可以提高空间的可达性，又可以避免其内部活动受过往行人干扰。(图 6-3-1)

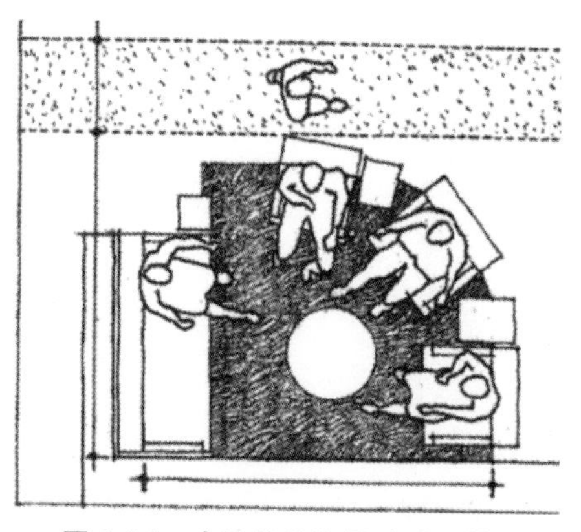

图 6-3-1 人流从边缘通过（手绘）

② 开敞性是交互空间的显著特性，因而引入自然光线是设计中常用的手法，人潮涌动，光影变换，日动影移，是非常生动的画面。自然光线的引入可通过侧采光和天窗采光两种方式实现。侧采光在满足采光要求的前提下，还可以丰富空间的视觉效果，提高空间质量；天窗采光的设计，既能解决采光问题，又能增添室内空间的光影变换，同时也加强了空间的纵深感。

③ 空间不能过于开敞，否则使用者在单独使用时容易因过于暴露而感到不自在。

④ 在大面积的交互空间中制造更加宜人的小尺度环境。例如，通过家具等创造更接近常规尺度的空间环境。(图 6-3-2)

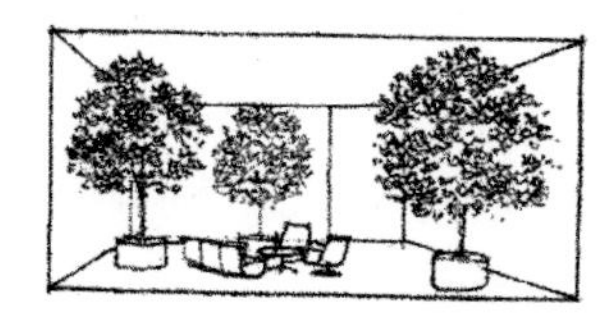

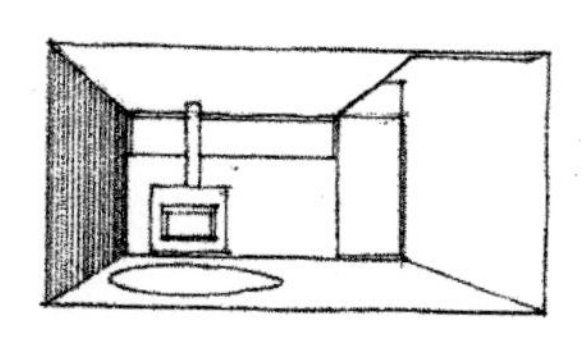

图 6-3-2 小空间的界定（手绘）

⑤ 设置隔断。隔断与隔墙有本质的区别，隔断仅仅是对空间的划分，是对半固定空间的界定，并且它不与空间同高，能增强人的领域感。它是

空间的一个停顿，同时还可以引导人流。这种隔断还可以设计成空间中的一个小品。(图 6-3-3)

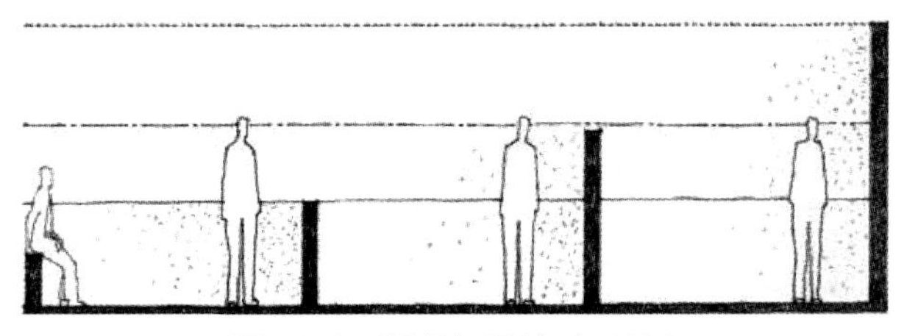

图 6-3-3　隔断与隔墙（手绘）

⑥ 通过地面高差不同来制造空间的边界。(图 6-3-4)

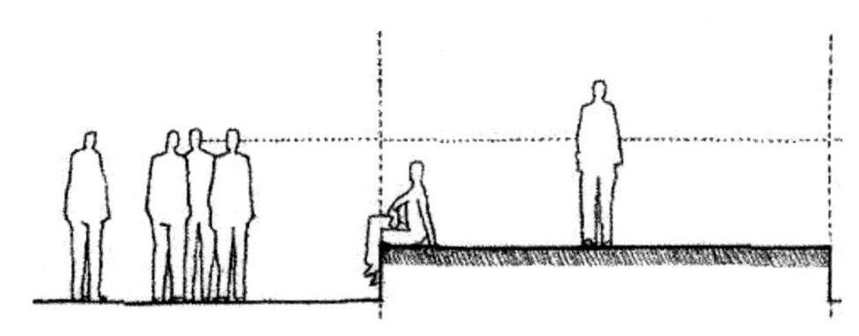

图 6-3-4　抬升地面界定空间区域（手绘）

⑦ 可以使用不超过普通人腰部高度的矮墙来划分空间，这样既从人类行为上进行了划分，又不会阻碍视线的交流。(图 6-3-3)

⑧ 利用绿化同样可以达到室内空间分隔的目的。

⑨ 利用家具或艺术品等来创造一些较小的空间，以满足人们对独立空间的需求。

⑩ 可以通过不定期的展览布置增加公共空间的吸引力，同时也为随意性交流提供共同话题。(图 6-3-5)

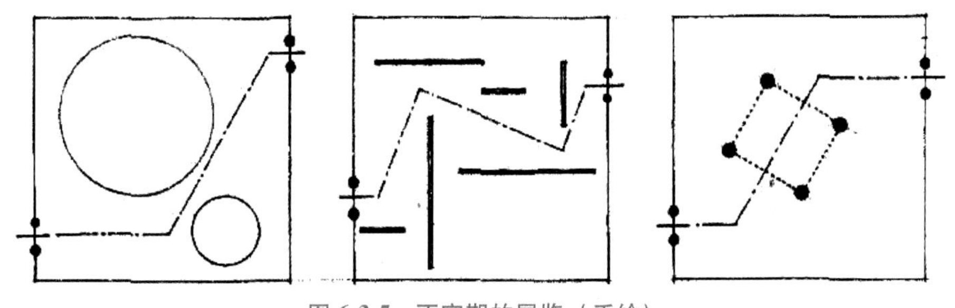

图 6-3-5　不定期的展览（手绘）

⑪ 设置公开教学环节，利用空间特点扩大信息覆盖面。

⑫ 提供方便人们交流和教学所需的设备，如投影设备、电源插口、无线网络等。

⑬ 就近供应饮料茶水，或其他服务。

⑭ 根据“边界效应”，要尽可能多地制造空间边界。在一些大尺度且空旷的空间，可增加空间的边界或设置可支持物，以吸引人们停留。研究表明，空间个体多愿意在空间的边缘处活动，而不愿成为别人的视觉焦点。栏杆扶手边便是一处理想的停留场所，人们多喜欢“凭栏而望”。所以，栏杆或栏板的设计，在满足基本功能的前提下，还要满足美观和人性化的设计要求。

⑮ 像在所有的公共空间中一样，人们更喜欢坐在空间的边缘。因此，应尽量丰富大空间的边界设计。(图 6-3-6)

图 6-3-6　家具围绕边界设置

⑯ 设置桌椅或长凳，方便人们学习、谈话和进餐。

⑰ 设置不同位置、不同方向的座椅。(图 6-3-7)

图 6-3-7　某教学楼
图片来源：井渌　摄

⑱ 沿着边界处布置桌椅，因为当身后有倚靠物时，人们会感觉舒服、

有安全感。（图 6-3-6）

⑲ 非正式和正式的座位能够满足各种不同的需求，从安静地学习到正面地观察人以及在某个显眼的位置等候朋友。（图 6-3-8）

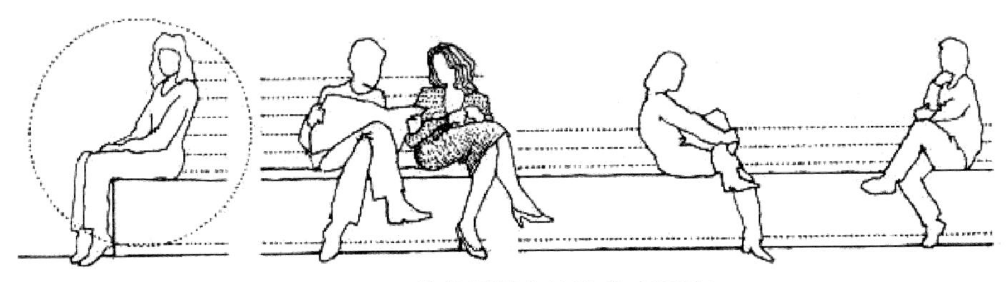

图 6-3-8　满足不同人的需求（手绘）

⑳ 因为使用者不同，相应的，座位的形式也各不相同，从带靠背的座椅到不带靠背的长凳，以及结合楼梯做的台阶等。

㉑ 在设计中，有比较私密的座位，可供 1~2 个人使用，也有可供小团体聚会交流的座位。

㉒设置的长凳不宜太长，否则不仅会限制人与人之间的交流，还会使单个使用者感觉不适。

㉓ 许多人习惯独自或和朋友一起学习，1~2 人用的小型桌椅可能要比大型的桌子更实用。（图 6-3-9）

图 6-3-9　某教学楼

图片来源：井渌　摄

㉔ 提供可移动的桌椅，方便人们进行小团体活动。（图 6-3-10）

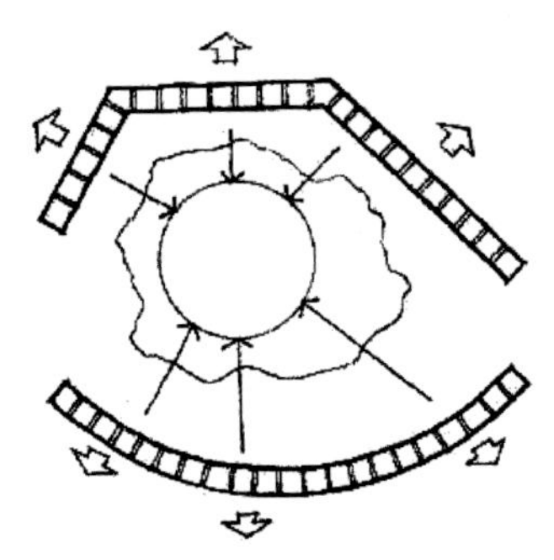

图 6-3-10　可移动座椅满足小团体需求（手绘）

㉕ 确保所有的桌椅都符合人的尺寸要求，包括高度、膝部空间的尺寸，以及通向设施或位于设施之下的地面的要求。

㉖ 在临近大量人流经过的位置设置张贴栏，另外，附近还应设有座位，座位的位置既可以使人不受拘束地坐下来交流，又不会挡住张贴栏。

㉗ 供应书报、期刊及饮用水等。观察发现，多数人都喜欢在公共空间一边读书、学习，一边观察周围的人和事物。

㉘ 要有效地控制噪声，避免人们精神涣散，无法集中注意力。

㉙ 布置高质量的公共艺术品，将其打造成视觉上的焦点或容易辨认的约会地点。

㉚ 植入绿色景观。

6.4　非正式休闲空间

与大型公共空间相比，非正式休闲空间往往更受欢迎。非正式休闲空间与交互式公共空间的主要区别是：非正式休闲空间的服务对象相对比较固定，主要是面对某个或某些群体，规模通常较交互式公共空间要小。

良好的休闲空间应具备以下要素：

① 规划的区域一方面是交通方便的、易于到达的空间，另一方面应该在相邻的楼层中产生聚集效应。

② 该空间应该既远离步行人流，又易于到达。

③ 该空间应作为人们的目的地，不应该成为大量人流路过的通道，尽量给人以安静的绿洲的感觉。

④ 建立良好亲切的尺度感，让人们有轻松、友好的感觉。（图 6-4-1）

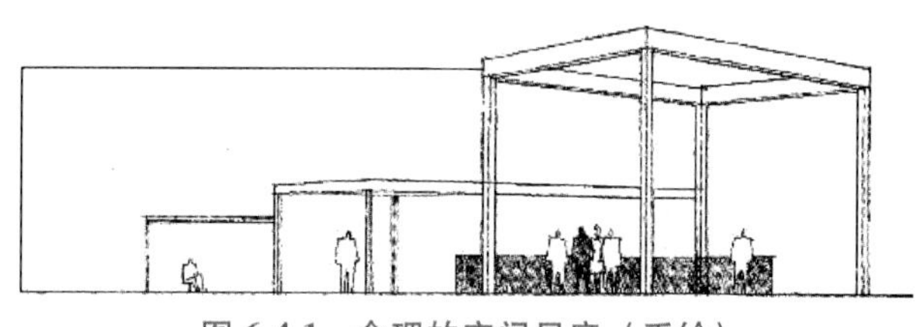
图 6-4-1　合理的空间尺度（手绘）

⑤ 创造愉悦、舒适的空间氛围。

⑥ 就近安排饮料、便利食品供应或其他服务，并设置座椅。

⑦ 应具备较高可视度，增加人们偶遇的机会。

⑧ 创造特色性空间或制造空间特色。例如，在空间中设置一个雕塑或陈列品，但这件艺术品必须具有唯一性和固定性，即它在整个教学楼的所有空间中是唯一的，且它固定存在于某个空间，只有这样它才能成为某一个空间的标志，从而吸引人流。

⑨ 有足够的视觉暗示，使建筑空间的使用者易于识别这个空间，并感到舒适。

⑩ 自然环境的引入，如生机盎然的绿草，青翠挺拔的竹林。科学研究表明：自然环境可以有效地缓解人们的疲劳。它不仅能给空间使用者带来精神上的愉悦，还可以起到丰富空间、美化环境的效果。(图 6-4-2)

图 6-4-2　展望

图片来源：勒·柯布西耶，里约热内卢

⑪ 摆放景观植物，不仅可以引起视觉兴趣，还可以为彼此不太熟悉的人提供共同的话题。

⑫ 布置高质量的公共艺术品，形成视觉上的焦点或容易辨认的约会地

点。(图 6-4-3)

⑬ 醒目，吸引人们停留驻足，从而引发交流。

⑭ 将艺术品设置在有台阶、凸空间或有栏杆的地方。(图 6-4-4)

⑮ 设置一些观看者可以移动或能重新摆放的艺术品，这样可以激发人们参与的欲望，进而促进人际接触。(图 6-4-4)

图 6-4-3　卡尔森管理学院

图片来源：井渌　摄

图 6-4-4　中国矿业大学建筑与设计学院

⑯ 为自带午餐的人或在一起学习的人提供就餐或学习的桌椅。(图 6-4-5)

⑰ 桌椅应尽可能地围绕空间的边缘，或布置在一些固定支持物的周围(如柱子等)。(图 6-4-6)

⑱ 座位附近设置垃圾桶。

⑲ 空间边界墙面应用虚实对比的设计，这不仅能创造出赏心悦目的光影效果，还能在不同的气候环境下创造不同的空间环境。

⑳ 可以选用一些暖色系、质感柔软的家具，从而创造温馨的氛围。

㉑ 合理应用不同材质，创造不同的空间环境感受。例如，木头材质给人以亲近感。

图 6-4-5　江苏建筑职业技术学院教学楼

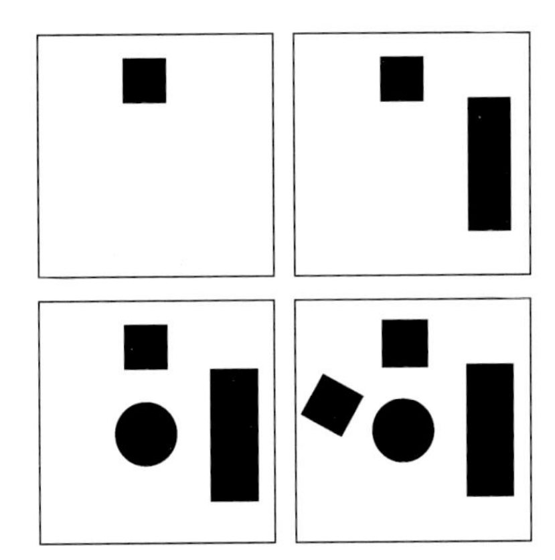

图 6-4-6　满足不同需求的桌椅摆放位置

6.5　不同楼层间的联系

随意性交流行为在跨越不同楼层时会大量减少，这主要是因为：① 在跨越不同楼层时，楼层间的相互可见度几乎不存在，或楼层间的相互可视范围很小；② 不同楼层间的步行距离比同楼层内的步行距离要长很多，即同楼层内各空间之间的可达性要高于不同楼层间的。因此，在教学楼的方案设计中，首先应尽量增加不同楼层间的相互可见度，激发更多的视觉偶遇，进而创造更多的随意性交流；其次要通过一定的设计手法，有效缩短不同楼层间的步行距离。

增加不同楼层间的相互可见度，可以采取以下方式：

① 采用错层的方式可以有效增加楼层间相互可见度。（图 6-5-1）

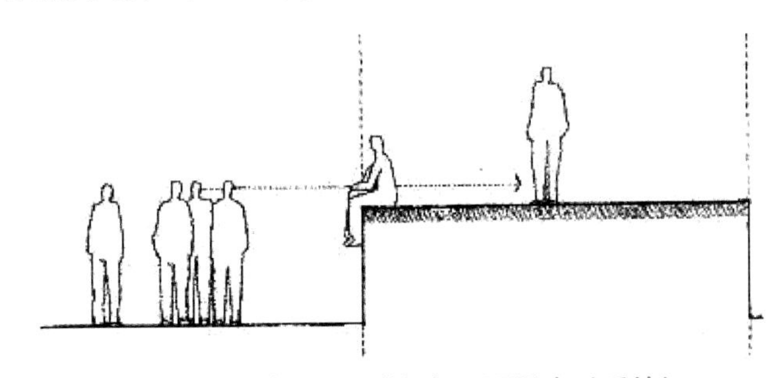

图 6-5-1　错层处理增加相互可见度（手绘）

② 将上下楼层设计成退台式，也可以实现上下楼层间的对话关系。

③ 通过竖向空间的设计来扩大可视范围。所谓竖向空间，是指空间高度在两层以上的竖向贯通空间，它打破了传统的开敞性空间在同一个楼层的局限。它的设置既丰富了空间层次，又扩大了上下楼层的视域范围，还有效增强了上下楼层间的沟通与联系。(图 6-5-2)

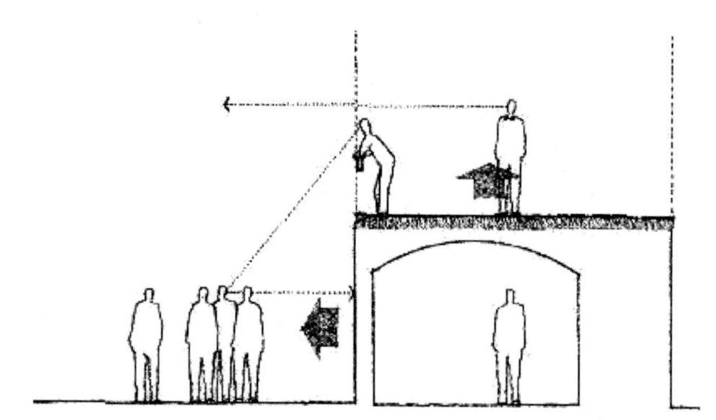

图 6-5-2　竖向空间增加不同楼层人员的相互可见度（手绘）

④ 开辟富有吸引力和亲和力的公共区域，以吸引不同楼层的人员，促进楼层间的人员流动。(图 6-5-3)

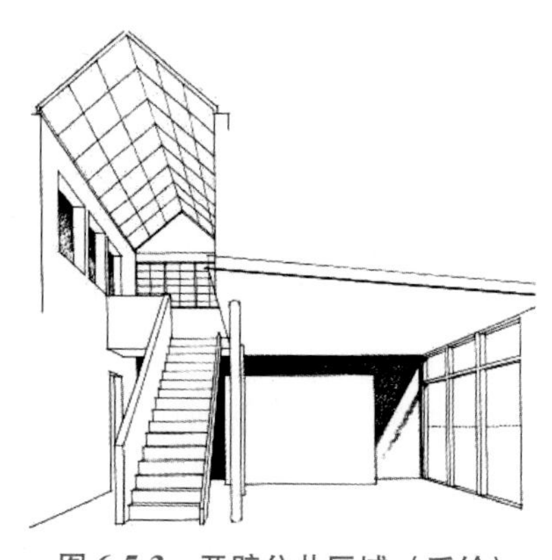

图 6-5-3　开辟公共区域（手绘）

⑤ 不同楼层间应设置明显的直达楼梯，提供更为便捷的垂直交通。

⑥ 楼梯的设计采用较低的休息平台。因为休息平台打断了楼梯踏步，不仅提供了一个休息的机会，还提供了一个观景的机会，而且可以有效地减轻人们攀爬的心理劳累恐惧感。(图 6-5-4)

⑦ 楼梯底部踏面突出的设计方式也具有上述意义。(图 6-5-5)

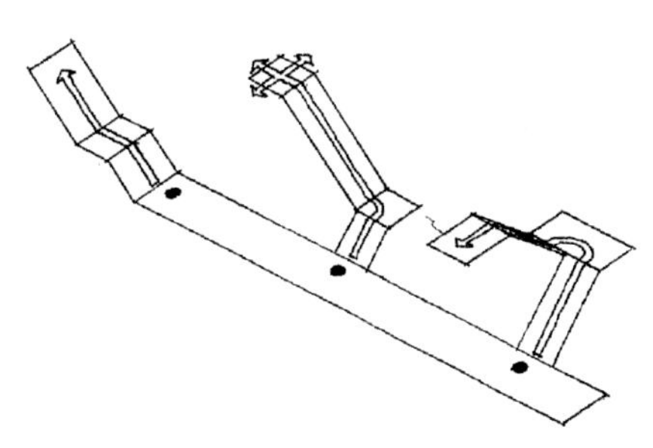

图 6-5-4　楼梯低平台设计（手绘）

图 6-5-5　突出的楼梯踏面（手绘）

⑧ 楼梯可以结合空间边界设计，与边界交织在一起，延伸成座椅或展示艺术品的平台，这样也能起到吸引人流的作用。（图 6-5-6）

⑨ 直跑楼梯一般设置在底层，它有强烈的导向性，并引领空间序列的主要方向。（图 6-5-7）

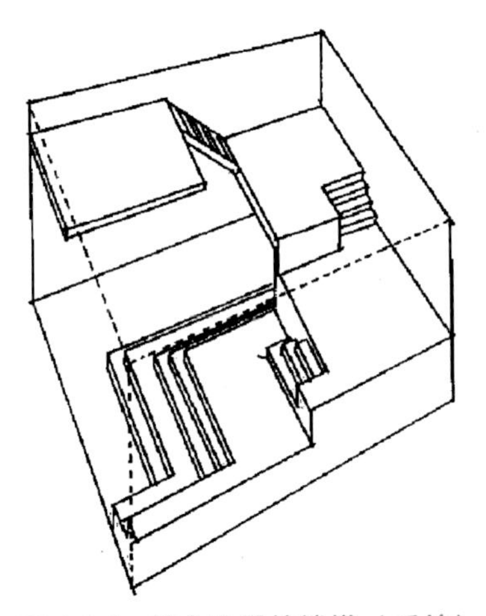

图 6-5-6　结合边界的楼梯（手绘）

图 6-5-7　直跑楼梯

⑩ 双跑楼梯是最常见的楼梯形式，将开敞的双跑楼梯植入竖向的空间中，也能制造一些空间小情趣。（图 6-5-8）

⑪ 竖向空间中开敞的三跑楼梯，表现的是一种非对称的均衡。

⑫ 旋转楼梯，虽然不作为主要的疏散通道，但是却可以作为交互空间的一种景观情趣而存在。（图 6-5-9）

图 6-5-8　开敞的双跑楼梯

图片来源：赖慕珊. 库尔斯·贝尔桑斯的新公共图书馆［J］. 建筑技术及设计，2003（12）：40-53.

图 6-5-9　旋转楼梯

图片来源：陈子坚，郭嘉. 福州大学图书馆［J］. 建筑学报，2009（02）：58-62.

6.6　本章小结

本章结合调研结果，在查阅了大量的相关资料后，总结归纳出了在大学教学建筑空间设计中能有效促进随意性交流的应用策略。希望能为以后的大学教学建筑的空间设计或空间改造提供一些参考依据。

7 结语

建设创新型国家已经成为事关社会主义现代化建设全局的重大战略决策，高等教育在创新型国家中的重要作用也日益凸显。各大高校也在不断扩大教育规模，并随之大量建造高校教学空间。大学不仅是培养创新人才的摇篮，还承担着科学研究的重要任务。大学的教学空间能否成为激发创造性的场所，是每个高等院校应当特别关注的问题。研究表明，创新越来越依赖于信息消费，而随意性交流又是信息消费的基础，是当代大学教学建筑中信息交流的核心。因此，空间设计扮演着积极地促进随意性交流的重要角色。大学教学空间的设计与改造不应单纯追求建筑美学，或者改善教学条件，而应该是在创新研究和基于知识组织的空间格局的科学研究基础上的综合建构。建筑的建成，只是一个建筑空间使用的开始，是一个从二维设计到三维使用的过渡。在使用过程中，我们更应注重细节的设计，其中包括空间环境质量的提升和空间氛围的营造等。

本书的研究基于 Toker 对“空间设计对创新的促进作用”的研究结果，通过对其研究结果的分析发现：空间设计对创新的促进作用，是通过空间设计影响信息消费，进而对创新活动产生促进作用的；在各种信息消费方式中，以随意性交流方式实现的信息消费占很大比重。同时也有很多研究表明，大学教学建筑空间对基础科学的创新研究起到积极的促进作用。因此，本书主要是对促进随意性交流的大学教学空间设计的研究。该研究在大学建设高速发展的今天，具有极为重要的现实意义。

首先，本书针对 Toker 的研究成果——影响创新活动的空间五要素（空间组构、可视程度、步行距离、空间利用吸引体、空间环境质量），进行了详细的分析与解读。其次，对建筑与设计学院楼进行了调研及分析论证。调研结果显示：大学教学建筑内的随意性交流主要发生在交互空间。再其次，又对这些交互空间进行了理论性的分析论证。最后，总结归纳出了在进行大学教学建筑空间设计的实践中主要针对入口集散空间、内部交通空间、交互式公共空间、非正式休闲空间及不同楼层的联系五个方面的空间设计的应用策略，力求在未来的大学教学空间设计的突破和创新中有一定的参考价值。

随着信息时代的全面到来，新兴的信息交流模式对传统的生活方式发起了强有力的冲击，大学教学建筑内交互空间的模式和设计方法也面临着严峻的挑战。随着信息技术的进步和发展，高校师生的信息需求也不断变化，作为师生进行随意性交流的空间场所的交互空间也不应是一成不变的，而应是不断发展的。因此，对能促进随意性交流的大学教学建筑空间设计的研究应该一直进行下去，从而满足大学教学建筑空间设计不断变化的需求。

参考文献

(一) 外文文献

[1] CASTELLS M, HALL P. Technopoles of the world: the making of twenty-first-century industrial complexes [M]. London: Routledge, 1994.

[2] TORNATZKY L G, FLEISCHER M. The Processes of technological innovation [M]. Taiwan: Lexington Books, 1990.

[3] JING L, LI T L. The university teaching space for promoting information exchange [J]. Advanced Materials Research, 2011, 243-249: 6483-6488.

[4] BAMBERGER P. Reinventing innovation theory: critical issues in the conceptualization, measurement, and analysis of technological innovation [J]. Research in the Sociology of Organizations, 1991, 9: 265-294.

[5] SONNENWALD D H. Evolving perspectives of human information behavior: contexts, situations, social networks and information horizons [D]. Chapel Hill, NC USA: University of North Carolina at Chapel Hill, 1999.

[6] HILLIER B, PENN A. Visible colleges: structure and randomness in the place of discovery [J]. Science in Context, 1991, 4 (1): 23-50.

[7] TOKER U. Workspaces for knowledge generation: facilitating innovation in university research centers [J]. Journal of Architectural and Planning Research, 2006, 23 (3): 181-199.

[8] HILLIER B. Space is the machine [M]. Cambridge: Cambridge University Press, 1996.

[9] WEKERLE G, WHITZMAN C. Safe cities: guidelines for planning, design and management [M]. New York: Van Nostrand Reinhold, 1995.

[10] KIRK N L. Factors affecting perceptions of safety in a campus environment [J]. Environmental Design Research Association, 1988, 19: 215-221.

[11] KLODAWSKY F, LUNDY C. Women's safety in the university environment [J]. Journal of Architectural and Planning Research, 1994, 11 (2): 128-136.

[12] LIFCHEZ R, WINSLOW B. Design for independent living: the environment and physically disabled people [M]. New York: Whitney Library of Design, 1979.

（二）中文文献

[1] 杨滔．空间句法：从图论的角度看中微观城市形态［J］．国外城市规划，2006（3）：48-52.

[2] 郭鹏宇．基于空间句法的校园交通空间分析：以郑州大学主校区为例［J］．建筑与文化，2022（9）：38-40.

[3] 车鑫，程世丹．基于空间句法的教学空间可达性探究：以武汉大学工学部为例［J］．华中建筑，2020，38（8）：85-90.

[4] 张艺萌．信息交流环境对创新能力影响的案例研究［J］．情报探索，2015（10）：124-128.

[5] 叶彪．高校教学建筑发展趋势及影响因素：以清华大学第六教学楼创作实践为例［J］．建筑学报，2004（5）：52-55.

[6] 比尔·希利尔，克里斯·斯塔茨，黄芳．空间句法的新方法［J］．世界建筑，2005（11）：46-47.

[7] 杨滔．分形的城市空间？［J］．城市规划，2008，32（6）：61-64.

[8] 杨滔．未来空间营造：以公共交通为导向的发展与空间句法［J］．都市快轨交通，2022，35（4）：41-49.

[9] 王坚，杨昌鸣．高校公共教学建筑教学空间设计浅析［J］．四川建筑科学研究，2007，33（1）：171-173.

[10] 孙剑，李克平．行人运动建模及仿真研究综述［J］．计算机仿真，2008，25（12）：12-16.

[11] 王静文，毛其智，党安荣．北京城市的演变模型：基于句法的城市空间与功能模式演进的探讨［J］．城市规划学刊，2008（3）：82-88.

[12] 张愚，王建国．再论“空间句法”［J］．建筑师，2004（3）：33-34.

[13] 杨春时．普通高校整体式教学楼多样性及适应性研究［D］．西安：西

安建筑科技大学，2009.
[14] 郑锐锋．大学校园空间的人性化设计研究［D］．杭州：浙江大学，2007.
[15] 李韶玉．高校教学建筑内部交往空间研究［D］．成都：西南交通大学，2007.
[16] 翟羽丰．现代空间句法理论在住宅庭园空间研究中的应用［D］．杭州：浙江大学，2008.
[17] 王丹．中国高校教学建筑空间组织分析［D］．上海：同济大学，2008.
[18] 杨滔．空间句法是建筑决定论的回归？：读《空间是机器》有感［J］．北京规划建设，2008（5）：88-93.
[19] 王宇．初探行为心理学在空间设计中的应用［J］．湖北经济学院学报（人文社会科学版），2009，6（2）：202-203.
[20] 吴思，汪杉．大学建筑交往空间初探：以华中科技大学三栋教学楼为例［J］．华中建筑，2008，26（11）：54-59.
[21] 谭方彤．高校教学建筑的空间与环境：广西大学综合教学大楼设计［J］．广西土木建筑，2000（1）：13-15.
[22] 陈识丰．中国矿业大学新校区学院楼设计［J］．新建筑，2005（3）：34-36.
[23] 田慧生．简论教学环境对学生身体健康的影响［J］．上海教育科研，1994（1）：5-7.
[24] 管大军，苏继会．教学建筑中交通空间交往性设计探析［J］．山西建筑，2010，36（6）：26-27.
[25] 郭继华．漫说信息与创新［J］．湖北师范学院学报（自然科学版），2001，21（3）：66-68.
[26] 张建涛，刘文佳．现代教学建筑中非课堂教学空间解析［J］．华中建筑，2003，21（5）：69-71.
[27] 蒋序怀，麦允谦．信息化与信息消费刍议［J］．广东社会科学，2002，（4）：35-38.
[28] 王静文，朱庆，毛其智．空间句法理论三维扩展之探讨［J］．华中建筑，2007，25（8）：75-80.
[29] 孙雪芳，金晓玲．行为心理学在园林设计中的应用［J］．北方园艺，

2008（4）：162-165.
［30］王燕，苏剑鸣．学习行为在建筑系馆空间设计中的影响作用［J］．工程与建设，2010，24（1）：41-43.
［31］彭旭，阮宇翔．智能化教学建筑空间设计［J］．武汉大学学报（工学版），2002，35（5）：73-75.
［32］戴晓玲．谈谈空间句法理论和埃森曼住宅系列中“句法”概念的异同：人类本位说与形式本位说［J］．华中建筑，2007，25（6）：8-11.
［33］刘靖，刘绍娣．浅谈高等学校交往空间的环境设计［J］．科技信息，2009（29）：729，430.
［34］茹斯·康罗伊·戴尔顿．空间句法与空间认知［J］．窦强，译．世界建筑，2005（11）：41-45.
［35］王兵．浅析大学公共教学建筑空间组合设计及其组织布局［J］．中国高新技术企业，2008（18）：210，212.
［36］项琳斐．英国国家卫生部医院病房设计，英国［J］．世界建筑，2005（11）：70-71.
［37］劳拉·沃恩，项琳斐．课程介绍［J］．世界建筑，2005（11）：72-73.
［38］张愚．空间的可见性分析［J］．室内设计与装修，2005（1）：14-17.
［39］伍端．空间句法相关理论导读［J］．世界建筑，2005（11）：18-23.
［40］戴晓玲．理性的城市设计新策略［J］．城市建筑，2005（4）：8-12.

附录　跟踪调查问卷

建筑与设计学院楼

1. 请在该学院楼的平面图上用“○”标明你在学院楼中最常遇见同学/同事的地方。

为什么喜欢这些地方？

____

____

____

这些地方还有哪些方面不尽人意，有待改进？

____

____

____

2. 请用“×”在平面图上标明离开教室或办公室时你最常去的地方（做停留或休息）。

为什么喜欢这些地方？

____

____

____

3. 请选择你对该学院楼学习环境或工作环境的满意程度。

很不满意	不满意	稍不满意	一般	稍满意	满意	很满意

4. 对于该学院楼的学习（或工作）环境，你最喜欢的是什么？

____

____

____

5. 你觉得该学院楼在哪些方面还有待改进？

____

____

____

6. 请写出你经常和同学或同事讨论学习或学术问题的地方。

（1）____________________

（2）____________________

（3）____________________

7. 请写出你最常遇到同学或同事的地方。

（1）____________________

（2）____________________

（3）____________________

8. 假如你在学习或工作中遇到障碍或问题，会优先选择哪种信息来源方式，请在下面左侧方框里用 1～5 标明。（1 表示最先的选择，5 表示最后的选择）

优先顺序	信息来源
	和同学或同事面对面讨论
	查找文献（书籍、期刊等）
	打电话咨询
	写电子邮件咨询
	其他

9. 对该学院楼调研的评估。（请给每项打分，满分为 10 分）

	很弱	弱	稍弱	一般	稍好	好	很好
该学院楼对创造力或学习的引导性							
学院楼对创造或学习的总贡献							
本学院的知名度							
你对本次对该学院情况调查的满意度							

您的年级________

您是本科生________　研究生________　教师________　其他________